钢筋工程实用技术丛书

钢筋连接方法与技巧

（第二版）

上官子昌　主编

U0243573

GANGJIN LIANJIE FANGFA YU JIQIAO

化学工业出版社

·北京·

本书在第一版的基础上，根据国家现行的行业标准《钢筋机械连接技术规程》（JGJ 107—2016）、《钢筋焊接及验收规程》（JGJ 18—2012）、《钢筋焊接接头试验方法标准》（JGJ/T 27—2014）《钢筋套筒灌浆连接应用技术规程》（JGJ 355—2015）等进行编写，内容围绕着钢筋连接技术而展开，主要分为七章：钢筋材料、混凝土结构对钢筋连接的要求、钢筋连接机具、钢筋绑扎搭接、钢筋机械连接、钢筋焊接连接与钢筋连接施工安全技术。

　　本书简明扼要、通俗易懂，具有很强的实用性与可操作性，可供广大施工技术人员使用，也可供技工学校、大专院校相关专业师生参考。

图书在版编目（CIP）数据

钢筋连接方法与技巧/上官子昌主编 . —2 版 .
北京：化学工业出版社，2017.5（2023.4重印）
（钢筋工程实用技术丛书）

ISBN 978-7-122-29215-5

Ⅰ.①钢… Ⅱ.①上… Ⅲ.①钢筋-连接技术
Ⅳ.①TU755.3

中国版本图书馆 CIP 数据核字（2017）第 042886 号

责任编辑：徐　娟　　　　　　　装帧设计：张　辉
责任校对：宋　夏

出版发行：化学工业出版社（北京市东城区青年湖南街13号　邮政编码100011）
印　　装：北京七彩京通数码快印有限公司
850mm×1168mm　1/32　印张9½　字数252千字
2023 年 4 月北京第 2 版第 8 次印刷

购书咨询：010-64518888　　　　　　售后服务：010-64518899
网　　址：http://www.cip.com.cn
凡购买本书，如有缺损质量问题，本社销售中心负责调换。

定　　价：39.80 元　　　　　　　　　版权所有　违者必究

钢筋连接方法与技巧(第二版)

前 言

　　《钢筋连接方法与技巧》一书自 2012 年出版以来，受到了广大读者的关注。承蒙广大读者的关心和厚爱，不少读者对本书的内容进行了意见反馈。《钢筋连接方法与技巧》一书为施工技术人员熟练地掌握、运用钢筋连接方法与技巧提供了便利条件，对推广先进的钢筋连接技术、提高建设工程质量、加快施工进度、降低施工成本等，均具有着重要的意义。

　　近年来，为了适应行业发展的需要，国家对钢筋机械连接、钢筋焊接等相关行业规范进行了修订。为了适应建筑行业新形势发展和读者的需要，我们依据《钢筋机械连接技术规程》（JGJ 107—2016）、《钢筋焊接及验收规程》（JGJ 18—2012）、《钢筋焊接接头试验方法标准》（JGJ/T 27—2014）、《优质碳素结构钢》（GB/T 699—2015）、《混凝土结构工程施工质量验收规范》（GB 50204—2015）等国家现行的标准和行业规范对原书内容进行细致的修改、补充和完善，并秉持一贯原则，运用最简单、最直接的手法进行编写，重点突出、详略得当，在介绍钢筋材料与钢筋连接机具基础知识的前提下，新增了"混凝土结构对钢筋连接的要求"的相关内容，而且系统地阐述了钢筋绑扎搭接、钢筋机械连接、钢筋焊接连接与钢筋连接施工安全技术等内容。

　　本书由上官子昌主编，参加编写的还有赵春娟、赵慧、马文颖、于涛、夏欣、陶红梅、赵蕾、吕文静、姜媛、罗娜、齐丽娜、张超、董慧、王红微、何影、张黎黎、孙丽娜、李东。

修订后的《钢筋连接方法与技巧》一书，不仅保持了原书的编写特点，而且更加体现了现代钢筋连接技术准则的精神，具有更强的科学性、实用性和可操作性。不仅适合施工技术人员使用，同时也适合技工学校、大专院校相关专业师生参考。

由于编者的经验与学识有限，加之当今我国建设工程飞速发展，尽管编者尽心尽力编写，但内容难免有疏漏或未尽之处，敬请专家和广大读者批评指正。

编者

2017 年 1 月

钢 筋 连 接 方 法 与 技 巧(第二版)

第一版前言

　　改革开放以来，随着国民经济的快速、持续发展，各种钢筋混凝土建筑结构大量建造，钢筋连接技术也得到了较好的发展，人们对钢筋连接技术的要求也越来越高，钢筋连接方法的选择与连接技巧的运用直接关系到施工进度的控制与施工质量的好坏。因此，推广应用先进的钢筋连接技术，对于提高建筑工程质量、加快施工进度、降低施工成本，具有重要的意义。为了使广大施工技术人员熟练地掌握、运用钢筋连接方法与技巧，我们组织编写了《钢筋连接方法与技巧》一书。

　　本书运用最简单、最直接的手法进行编写，重点突出、详略得当，在介绍钢筋材料与钢筋连接机具相关知识的前提下，系统地阐述了钢筋绑扎搭接、钢筋机械连接、钢筋焊接连接与钢筋连接施工安全技术等内容。在编写原则上，本书不仅注意了知识间的融贯性，而且突出了整合性的原则。

　　由于编者的经验与学识有限，加之当今我国建设工程飞速发展，尽管编者尽心尽力编写，但内容难免有疏漏或未尽之处，敬请专家和广大读者批评指正。

编　者

2012 年 1 月

钢 筋 连 接 方 法 与 技 巧(第二版)

目 录

钢筋连接方法与技巧(第二版)

1 钢筋材料

1.1 钢筋的分类方法

1.1.1 按照化学成分分类

按照化学成分分类,钢筋可以分为普通碳素钢与合金钢。

(1)普通碳素钢。普通碳素钢可以分为高碳钢、中碳钢与低碳钢,具体如下所述。

① 高碳钢:含碳量 $0.6\%\sim1.4\%$。

② 中碳钢:含碳量 $0.25\%\sim0.6\%$。

③ 低碳钢:含碳量少于 0.25%。

随着含碳量的增加,碳素钢的强度、硬度增加,但塑性、韧性减少。建筑中常用普通低碳钢。

(2)合金钢。在普通碳素钢中,加入某些合金元素,如锰、钛、硅、钒等,而冶炼成的钢称为合金钢。这些钢中有些含碳量较高,但由于加入了合金元素,不但强度有所提高,而且其他性能也有所改善。建筑常用的低合金钢的分类如下。

① 高合金钢:含合金量 10% 以上。

② 中合金钢：含合金量 3.5％～10％。

③ 低合金钢：含合金量少于 3.5％。

1.1.2 按照钢筋外形分类

按照钢筋外形分类，可以分为光圆钢筋、螺纹钢筋、精轧螺纹钢筋等。

（1）光圆钢筋。断面为圆形，表面无刻纹，使用时需加弯钩。

（2）螺纹钢筋。表面轧制成螺旋纹、人字纹，从而增大与混凝土的黏结力。

（3）精轧螺纹钢筋。新近开发的用作预应力钢筋的新品种，钢号为 40Si2MnV。

另外，还有刻痕钢丝、压波钢线等。

1.1.3 按照生产工艺分类

按照钢筋生产工艺分类，混凝土结构用的普通钢筋可以分为两类：热轧钢筋与冷加工钢筋（冷轧带肋钢筋、冷轧扭钢筋与冷拔螺旋钢筋）。冷拉钢筋与冷拔低碳钢丝已逐渐被淘汰。余热处理钢筋属于热轧钢筋一类。

1.1.4 按照供货方式分类

按照供货方式分类，钢筋可以分为盘圆钢筋（直径≤10mm）和直条钢筋（长度 6～12m，根据需方要求，也可以按照其他定尺供应）。

1.2 钢筋的品种与规格

1.2.1 普通钢筋

《混凝土结构设计规范》（GB 50010—2010）对混凝土结构用钢做了调整。目前，钢筋混凝土结构用钢筋共分为 4 个级别 8 种钢筋，分别是 HPB300、HRB335、HRBF335、HRB400、RRB400、HRBF400、HRB500、HRBF500。其中，HPB300 级钢筋为光圆钢筋，其余钢筋均为变形钢筋；HRB335、HRIM00、HRB500 级钢筋分别是指强度级别为 335MPa、400MPa、500MPa 的普通热轧带肋钢筋；RRB400 级钢筋是指强度级别为 400MPa 的余热处理带肋钢筋；HRBF335、HRBF400、HRBF500 级钢筋分别是指强度级别是 335MPa、400MPa、500MPa 的细晶粒式热轧带肋钢筋。

1.2.1.1 普通热轧钢筋

用加热钢坯轧成的条形成品钢筋称为热轧钢筋。它是建筑工程中用量最大的钢材品种之一，主要用于钢筋混凝土和预应力混凝土结构的配筋。混凝土用热轧钢筋要求有较高的强度，具有一定的塑性和韧性，可焊性好。

热轧钢筋按照其轧制外形分为热轧光圆钢筋和热轧带肋钢筋。热轧带肋钢筋一般为圆形横截面，且表面一般带有两条纵肋和沿长度方向均匀分布的横肋。按肋纹的形状分为等高肋和月牙肋（图1-1）。月牙肋的纵横肋不相交，而等高肋的纵横肋相交。月牙肋钢筋有生产简便、强度高、应力集中、敏感性小、疲劳性能好等特点，但其与混凝土的黏结锚固性能略低于等高肋钢筋。

(a) 等高肋   (b) 月牙肋

图 1-1　热轧带肋钢筋外形

热轧带肋钢筋的牌号由 HRB 和钢筋的屈服强度构成，共分为六个牌号，分别是 HRB335、HRBF、335、HRB400、HRBF400、HRB500、HRBF500。H、R、B 分别是热轧、带肋、钢筋三个词的英文首位字母。热轧钢筋的牌号、公称直径及力学性能等基本特性，见表 1-1。

表 1-1　热轧钢筋的基本特性

名称	牌号	符号	表面形式	公称直径 d/mm	屈服强度特征值/MPa	抗拉强度/MPa	伸长率/%	冷弯	
						不小于		弯曲角度	弯曲直径
光圆	HPB300	φ	光圆	6～22	300	420	25	180°	d
带肋	HRB335	φ	月牙肋	6～25	335	490	16	180°	$3d$
				28～50					$4d$
	HRB400	φ	月牙肋	6～25	400	570	14	180°	$4d$
				28～50					$5d$
	HRB500	φ	月牙肋	6～25	500	630	12	180°	$6d$
				28～50					$7d$

1.2.1.2　冷轧带肋钢筋

热轧圆盘条经冷轧之后，在其表面带有沿长度方向均匀分布的三面或两面横肋的钢筋称为冷轧带肋钢筋。其外形如图 1-2 所示。钢筋冷轧后允许进行低温回火处理。

(a) 冷轧带肋钢筋表面形状　　　　(b) 截面图

图 1-2　冷轧带肋钢筋外形

冷轧带肋钢筋的牌号由 CRB 和抗拉强度最小值表示，共分为四个牌号，分别为 CRB550、CRB650、CRB800、CRB970。C、R、B 分别为冷轧、带肋、钢筋三个词的英文首位字母。冷轧带肋钢筋力学性能与工艺性能，见表 1-2。

与冷拔低碳钢丝相比，冷轧带肋钢筋具有强度高、塑性好、与混凝土黏结牢固、节约钢材、质量稳定等特点。CRB550 宜用作普通钢筋混凝土结构，其他牌号宜用在预应力混凝土结构当中。

冷轧带肋钢筋克服了冷拉、冷拔钢筋握裹力低的缺点，而且具有与冷拉、冷拔相近的强度，因此，在中、小型预应力混凝土结构构件和普通混凝土结构构件中得到了广泛的应用。

表 1-2 冷轧带肋钢筋的力学性能和工艺性能

牌号	$R_{p0.2}$ /MPa 不小于	R_m /MPa 不小于	伸长率/% 不小于		弯曲试验 180°	反复弯曲次数	应力松弛初始应力应相当于公称抗拉强度的 70% 1000h 松弛率/% 不小于
			$A_{11.3}$	A_{100}			
CRB550	500	550	8.0	—	$D=3d$	—	—
CRB650	585	650	—	4.0		3	8
CRB800	720	800	—	4.0		3	8
CRB970	875	570	—	4.0		3	8

注：$R_{p0.2}$ 为残余屈服强度，R_m 为抗拉强度，$A_{11.3}$、A_{100} 为断后生长率，D 为弯心直径，d 为钢筋公称直径。

1.2.2 预应力钢筋

预应力混凝土结构所用钢材通常为预应力钢丝、预应力钢绞线和预应力螺纹钢筋。钢绞线是由多根高强钢丝交织在一起而形成的，有 3 股和 7 股两种，多用于后张法大型构件。预应力钢丝主要是消除应力钢丝。其外形包括光面、螺旋肋、三面刻痕三种。

1.2.2.1 预应力钢丝

预应力钢丝是用优质高碳钢盘条经过表面准备、拉丝及稳定化处理而成的钢丝总称。预应力钢丝根据深加工要求不同和表面形状不同分类如下。

（1）冷拉钢丝。冷拉钢丝是用盘条通过拔丝模拔轧辊经冷加工而成，以盘卷供货的钢丝。这种钢丝可以用于制造铁路轨枕、压力水管、电杆等预应力混凝土先张法构件。

（2）消除应力钢丝（普通松弛型）。消除应力钢丝（普通松弛型）是冷拔后经高速旋转的矫直辊筒矫直，并经回火处理的钢丝。钢丝经矫直回火后，可以消除钢丝冷拔中产生的残余应力，提高钢丝的比例极限、屈强比和弹性模量，并改善塑性；同时获得良好的伸直性。

（3）消除应力钢丝（低松弛型）。消除应力钢丝（低松弛型）是冷拔后在张力状态下（在塑性变形下）经回火处理的钢丝。这种钢丝，不仅弹性极限和屈服强度提高，并且应力松弛率大大降低，因此特别适用于抗裂要求高的工程，同时钢材用量减少，经济效益显著。这种钢丝已逐步在建筑、桥梁、市政、水利等大型工程中得到应用。

（4）三面刻痕钢丝。三面刻痕钢丝是用冷轧或是冷拔的方法使钢丝表面产生规则间隔的凹痕或凸纹的钢丝，如图1-3所示。这种钢丝的性能与矫直回火钢丝基本相同，但因钢丝表面凹痕或凸纹可增加与混凝土的握裹黏结力，因此可用于先张法预应力混凝土构件。

(a) 三面刻痕钢丝表面形状　　(b) A—A截面图

图 1-3　三面刻痕钢丝示意

a—深度；b—宽度；d—钢筋的公称直径或圆形截面的直径；L—节距

（5）螺旋肋钢丝。螺旋肋钢丝是通过专用拔丝模冷拔方法使钢丝表面沿长度方向上产生规则间隔的肋条的钢丝，如图1-4所示。钢丝表面螺旋肋可以增加与混凝土的握裹力。这种钢丝可以用于先张法预应力混凝土构件。

(a) 螺旋肋钢丝表面形状　　(b) 截面图

图 1-4　螺旋肋钢丝示意

a—钢丝单肋宽度；$\dfrac{D-D_1}{2}$—钢丝单肋高度；C—螺旋肋导程

1 钢筋材料

预应力钢丝的尺寸及允许偏差、力学性能见表1-3~表1-8。

表1-3　光圆钢丝的尺寸及允许偏差

公称直径 d_n/mm	直径允许偏差 /mm	公称横截面面积 S_n/mm²	每米参考质量 /(g/m)
3.00	±0.04	7.07	55.5
4.00		12.57	98.6
5.00	±0.05	19.63	154
6.00		28.27	222
7.00		38.48	241
8.00	±0.06	50.26	394
9.00		63.62	499
10.00		78.54	616
12.00		113.1	888

表1-4　螺旋肋钢丝的尺寸及允许偏差

公称直径 d_n/mm	螺旋肋 数量/条	基圆尺寸		外轮廓尺寸		单肋尺寸	螺旋肋导程 C/mm
		基圆直径 D_1/mm	允许偏差 /mm	外轮廓直径 D/mm	允许偏差 /mm	宽度 a /m	
4.00	4	3.85	±0.05	4.25	±0.05	0.90~1.30	24~30
4.80	4	4.60		5.10		1.30~1.70	28~36
5.00	4	4.80		5.30			
6.00	4	5.80		6.30		1.60~2.00	30~38
6.25	4	6.00		6.70			30~40
7.00	4	7.73		7.46		1.80~2.20	35~45
8.00	4	7.75		8.45	±0.10	2.00~2.40	40~50
9.00	4	8.75		9.45		2.10~2.70	42~52
10.00	4	9.75		10.45		2.50~3.00	45~58

表1-5　三面刻痕钢丝的尺寸及允许偏差

公称直径 d_n/mm	刻痕深度		刻痕长度		节距	
	公称深度 a/mm	允许偏差 /mm	公称长度 b/mm	允许偏差 /mm	公称节距 L/mm	允许偏差 /mm
≤5.00	0.12	±0.05	3.5	±0.05	5.5	±0.05
>5.00	0.15		5.0		8.0	

注：公称直径指横截面面积等同于光圆钢丝横截面面积时所对应的直径。

表1-6 冷拉钢丝的力学性能

公称直径 d_n /mm	抗拉强度 σ_b /MPa	规定非比例伸长应力 $\sigma_{p0.2}$ /MPa	最大力下总伸长率 ($L_0=200mm$) σ_{gt}/%	弯曲次数 (次/180°)	弯曲半径 R/mm	断面收缩率 φ/%	每210mm扭矩的扭转次数 n	初始应力相当于70%公称抗拉强度时，1000h后应力松弛率 r/%
	$\geqslant$			—		$\geqslant$		$\leqslant$
3.00	1470	1100		4	7.5		—	
4.00	1570	1180		4	10		8	
5.00	1670 1770	1250 1330	1.5	4	15	35	8	8
6.00	1470	1100		5	15		7	
7.00	1570	1180		5	20	30	6	
8.00	1670 1770	1250 1330		5	20		5	

注：1. 除抗拉强度、规定非比例伸长应力外，对压力管道用钢丝还需进行断面收缩率、扭转次数、松弛率的检验；对其他用途钢丝还需进行断后伸长率、弯曲次数的检验。

2. 规定非比例伸长应力 $\sigma_{p0.2}$ 值不小于公称抗拉强度的75%。

表1-7 消除应力光圆及螺旋肋钢丝的力学性能

公称直径 d_n /mm $\geqslant$	抗拉强度 σ_b /MPa $\geqslant$	规定非比例伸长应力 $\sigma_{p0.2}$/MPa $\geqslant$		最大力下总伸长率 ($L_0=200mm$) σ_{gt}/% $\geqslant$	弯曲次数 /(次/180°) $\geqslant$	弯曲半径 R/mm	应力松弛性能		
		WLR	WNR				初始应力相当于公称抗拉强度的百分数/%	1000h后应力松弛率 r/% $\leqslant$	
								WLR	WNR
								对所有规格	
4.00	1470	1200	1250		3	10	60	1.0	4.5
	1570	1380	1330						
	1670	1470	1410						
5.00	1770	1560	1500		4	15			
	1860	1640	1580						
6.00	1470	1290	1250	3.5	4	15	70	2.0	8
	1570	1380	1330						
7.00	1670	1470	1410		4	20			
	1770	1560	1500						
8.00	1470	1290	1250		4	25			
9.00	1570	1380	1330		4	25			
10.00	1470	1290	1250		4	25	80	4.5	12
12.00					4	30			

注：(1) 弹性模量为 $(2.05\pm0.1)\times10^5$ MPa，但不作为交货条件。

(2) 规定非比例伸长应力 $\sigma_{p0.2}$ 值对低松弛钢丝 WLR 应不小于公称抗拉强度的88%，对普通松弛钢丝 WNR 应不小于公称抗拉强度的85%。

表 1-8　消除应力的刻痕钢丝的力学性能

公称直径 d_n /mm ≥	抗拉强度 σ_b /MPa ≥	规定非比例伸长应力 $\sigma_{p0.2}$ /MPa ≥		最大力下总伸长率 ($L_0=200$mm) σ_{gt} /% ≥	弯曲次数 /(次/180°) ≥	弯曲半径 R /mm	应力松弛性能		
							初始应力相当于公称抗拉强度的百分数/%	1000h 后应力松弛率 r /% ≤	
		WLR	WNR				对所有规格	WLR	WNR
≤5.0	1570	1380	1330	3.5	3	15	60	1.5	4.5
	1670	1470	1410						
	1770	1560	1500						
	1860	1640	1580				70	2.5	8
>5.0	1470	1290	1250			20	80	4.5	12
	1570	1380	1330						
	1670	1470	1410						
	1770	1560	1500						

注：规定非比例伸长应力 $\sigma_{p0.2}$ 值对低松弛钢丝 WLR 应不小于公称抗拉强度的 80%，对普通松弛钢丝 WNR 应不小于公称抗拉强度的 85%。

1.2.2.2　预应力钢绞线

预应力钢绞线是由多根冷拉钢丝在绞线机上成螺旋形绞合，并经连续的稳定化处理而成的总称。钢绞线的整根破断力大，柔性好，施工方便，在土木工程中的应用非常广泛。

钢绞线根据加工要求不同可以分为标准型钢绞线、刻痕钢绞线和模拔钢绞线。

（1）标准型钢绞线。标准型钢绞线即消除应力钢绞线，是由冷拉光圆钢丝捻制成的钢绞线，标准型钢绞线力学性能优异、质量稳定、价格适中，是我国土木建筑工程中用途最为广泛、用量最大的一种预应力筋。

（2）刻痕钢绞线。刻痕钢绞线是由刻痕钢丝捻制成的钢绞线，可以增加钢绞线与混凝土的握裹力。其力学性能与标准型钢纹线相同。

（3）模拔钢绞线。模拔钢绞线是在捻制成形之后，再经模拔处理制成。这种钢绞线内的各根钢丝为面接触，使钢绞线的密度提高约 18%。在截面面积相同时，该钢绞线的外径较小，可以减少孔道直径；在相同直径的孔道内，可以使钢绞线的数量增加，而且它与锚具的接触面较大，易于锚固。预应力混凝土用钢绞线的尺寸及允许偏差、力学性能见表 1-9～表 1-14。

表 1-9 1×2 结构钢绞线尺寸及允许偏差、每米参考质量

钢绞线结构	公称直径		钢绞线直径允许偏差/mm	钢绞线参考截面积/mm²	每米钢绞线参考质量/(g/m)
	钢绞线直径/mm	钢丝直径/mm			
	5.00	2.50	+0.15	9.82	77.1
	5.80	2.90	−0.05	13.2	104
1×2	8.00	4.00	+0.25	25.1	197
	10.00	5.00	−0.10	39.3	309
	12.00	6.00		56.5	444

表 1-10 1×3 结构钢绞线尺寸及允许偏差、每米参考质量

钢绞线结构	公称直径		钢绞线测量尺寸 A/mm	测量尺寸 A 允许偏差/mm	钢绞线参考截面面积 S_n/mm²	每米钢绞线参考质量/(g/m)
	钢绞线直径 D_n/mm	钢丝直径 d/mm				
	6.20	2.90	5.41	+0.15	19.8	155
	6.50	3.00	5.60	−0.05	21.2	166
1×3	8.60	4.00	7.46		37.7	296
	8.74	4.05	7.56	+0.20	38.6	303
	10.80	5.00	9.33	−0.10	58.9	462
	12.90	6.00	11.2		84.8	666
1×3Ⅰ	8.74	4.05	7.56		38.6	303

注：1×3 代表用三根钢丝捻制的钢绞线；1×3Ⅰ代表用三根刻痕钢丝捻制的钢绞线。

表 1-11 1×7 结构钢绞线尺寸及允许偏差、每米参考质量

钢绞线结构	公称直径 D_n/mm	直径允许偏差/mm	钢绞线参考截面面积 S_n/mm²	每米钢绞线参考质量/(g/m)	中心钢丝直径 d_0加大范围/% ≥
	9.50	+0.30	54.8	430	
	11.10	−0.15	74.2	582	
1×7	12.70		98.7	775	
	15.20	+0.40	140	1101	2.5
	15.70	−0.20	150	1178	
	17.80		191	1500	
	12.70		112	890	
(1×7)C	15.20	+0.40	165	1295	
	18.00	−0.20	223	1750	

注：C 代表模拔钢绞线。

1 钢筋材料

表 1-12 1×2 结构钢绞线力学性能

钢绞线结构	钢绞线分称直径 D_n /mm	抗拉强度 R_m /MPa $\geqslant$	整根钢绞线的最大力 F_m /kN $\geqslant$	规定非比例延伸力 $F_{p0.2}$ /kN $\geqslant$	最大力总伸长率 $(L_0 \geqslant 400mm)$ A_{gt}/% $\geqslant$	应力松弛性能	
						初始负荷相当于公称最大力的百分数 /%	1000h后应力松弛率 r/% $\leqslant$
						对所有规格	
1×2	5.00	1570	15.4	13.9	3.5	60	1.0
		1720	16.9	15.2			
		1860	18.3	16.5			
		1960	19.2	17.3			
	5.80	1570	20.7	18.6			
		1720	22.7	20.4			
		1860	24.6	22.1			
		1960	25.9	23.3		70	2.5
	8.00	1470	36.9	33.2			
		1570	39.4	35.5			
		1720	43.2	38.9		80	4.5
		1860	46.7	42.0			
	10.00	1960	49.2	44.3			
		1470	57.8	52.0			
		1570	61.7	55.5			
		1720	67.6	60.8			
	12.00	1860	73.1	65.8			
		1960	77.0	69.3			
		1470	83.1	74.8			
		1570	88.7	79.8			
		1720	97.2	87.5			
		1860	105	94.5			

注：规定非比例延伸力 $F_{p0.2}$ 值不小于整根钢绞线公称最大力 F_m 的 90%。

表 1-13　1×3 结构钢绞线力学性能

钢绞线结构	钢绞线公称直径 D_n/mm	抗拉强度 R_m/MPa ≥	整根钢绞线的最大力 F_m/kN ≥	规定非比例延伸力 $F_{p0.2}$/kN ≥	最大力总伸长率(L_0≥400mm) A_{gt}/% ≥	应力松弛性能 初始负荷相当于公称最大力的百分数/% 对所有规格	1000h后应力松弛率 r/% ≤
1×3	6.20	1570	31.1	28.0			
		1720	34.1	30.7			
		1860	36.8	33.1			
		1960	38.8	34.9			
	6.50	1570	33.3	30.0		60	1.0
		1720	36.5	32.9			
		1860	39.4	35.5			
		1960	41.6	49.9			
	8.60	1470	55.4	49.9			
		1570	59.2	53.3			
		1720	64.8	58.3			
		1860	70.1	63.1			
		1960	73.9	66.5	3.5	70	2.5
	8.74	1570	60.6	54.5			
		1670	64.5	58.1			
		1860	71.8	64.6			
	10.80	1470	86.6	77.9			
		1570	92.5	83.3			
		1720	101	90.9			
		1860	110	99.0			
		1960	115	104		80	4.5
	1290	1470	125	113			
		1570	133	113			
		1720	146	120			
		1860	158	131			
		1860	158	142			
		1960	166	149			
1×3 I	8.74	1570	60.6	54.5			
		1670	64.5	58.1			
		1860	71.8	64.6			

注：规定非比例延伸力 $F_{p0.2}$ 值不小于整根钢绞线公称最大力 F_m 的 90%。

表 1-14　1×7 结构钢绞线力学性能

钢绞线结构	钢弦线公称直径 D_n /mm	抗拉强度 R_m /MPa ≥	整根钢绞线的最大力 F_m/kN ≥	规定非比例延伸力 $F_{p0.2}$ /kN ≥	最大力总伸长率 ($L_0≥400mm$) A_{gt}/% ≥	初始负荷相当于公称最大力的百分数/%	1000h 后应力松弛率 r/% ≤
						对所有规格	
1×3	9.50	1720	94.3	84.9	3.5	60	1.0
		1860	102	91.8			
		1960	107	96.3			
	11.10	1720	128	115			
		1860	138	124			
		1960	145	131			
	12.70	1720	170	153		70	2.5
		1860	184	166			
		1960	193	174			
	15.20	1470	206	185		80	4.5
		1570	220	198			
		1670	234	211			
		1720	241	217			
		1860	260	234			
		1960	274	247			
	15.70	1770	266	239			
		1860	279	251			
	17.80	1720	327	294			
		1860	353	318			
(1×7)C	12.70	1860	208	187			
	15.20	1820	300	270			
	18.00	1720	384	346			

注：规定非比例延伸力 $F_{p0.2}$ 值不小于整根钢绞线公称最大力 F_m 的 90%。

1.3　钢筋的性能

1.3.1　抗拉性能

通常，以钢筋在拉力作用下的应力-应变图来表示钢筋的抗拉性能。热轧钢筋具有低碳钢性质，有明显的屈服点，其应力-应变关系如图 1-5 所示。

图 1-5　热轧钢筋的应力-应变关系

如图 1-5 所示，在应力达到 a 点之前，应力与应变成正比，且呈弹性工作状态，a 点的应力值 σ_p 称为比例极限；在应力超过 a 点之后，应力与应变不成比例，出现塑性变形，当应力达到 b 点，钢筋到达屈服阶段，应力值保持在某一数值附近上下波动而应变继续增加，取该阶段最低点 c 点的应力值，称为屈服点 σ_s；在超过屈服阶段后，应力与应变又呈上升状态，直到最高点 d，称为强化阶段，d 点的应力值称为抗拉强度（强度极限）σ_b；从最高点 d 到断裂点 e'，钢筋产生颈缩现象，荷载下降，伸长增大，很快被拉断。

冷轧带肋钢筋的应力-应变图呈高碳钢性质，无明显屈服点。通常将对应于塑性应变为 0.2% 时的应力定为屈服强度，并以 $\sigma_{0.2}$ 表示，如图 1-6 所示。

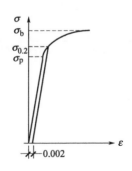

图 1-6　冷轧带肋钢筋的应力-应变关系

钢筋并非强度越高，性能越好。高强度钢筋在高应力下容易引起构件过大的变形和裂纹。对于普通混凝土结构，设计强度限值为360MPa。

1.3.2 塑性变形

通过对钢材受拉时的应力-应变图，可以对钢材塑性变形进行分析。钢筋的塑性变形必须满足一定的要求，才能防止钢筋在加工时，弯曲处出现毛刺、裂纹、翘曲现象以及构件在受荷过程中可能出现的脆裂破坏。

钢筋材质是影响塑性变形的主要因素。热轧低碳钢筋的强度低、延性好。随着加入合金元素与碳当量加大，使钢筋强度提高，塑性变形减小。对钢筋进行热处理和冷加工，同样可提高强度，降低塑性变形。

通常，钢筋的塑性变形用拉伸试验测得的断后伸长率与截面收缩率表示。

（1）断后伸长率。断后伸长率用 δ 表示，其计算公式为：

$$\delta = \frac{标距长度内总伸长值}{标距长度 L} \times 100\% \tag{1-1}$$

由于试件标距的长度不同，所以断后伸长率的表示方法也不同。一般热轧钢筋的标距取 10 倍钢筋直径长与 5 倍钢筋直径长，其断后伸长率用 δ_{10} 和 δ_5 表示。钢丝的标距取 100 倍直径长，则用 δ_{100} 表示。钢绞线标距取 200 倍直径长，则用 δ_{200} 来表示。

断后伸长率是衡量钢筋（钢丝）塑性性能的重要指标之一，断后伸长率越大，钢筋的塑性越好。

（2）断面收缩率。断面收缩率的计算公式为：

$$断面收缩率 = \frac{试件的原始截面面积 - 试件拉断后断口颈缩处横截面面积}{试件的原始截面面积} \times 100\%$$

$$\tag{1-2}$$

1.3.3 冲击韧度

冲击韧度是指钢材抵抗冲击荷载的能力，其指标是通过标准试件的弯曲冲击韧度试验确定的。弯曲冲击韧度试验是用摆锤打击刻

槽的试件，在刻槽处将其打断。以试件单位截面面积上打断时所消
耗的功作为钢材的冲击韧度值。其计算公式为：

$$冲击韧度 = \frac{冲断试件所消耗的功}{试件断口处的截面面积} \tag{1-3}$$

钢材的冲击韧度是衡量钢材质量的一项指标之一，冲击韧度越
大，钢材的冲击韧性就越好。

1.3.4 耐疲劳性

构件在交变荷载反复作用下，钢筋在应力远小于抗拉强度时会
发生突然的脆性断裂，这种现象称为疲劳破坏。

疲劳破坏的危险应力用疲劳极限（σ_r）表示。疲劳极限是指试
件在交变荷载反复作用下，在规定的周期基数内不发生断裂所能承
受的最大应力。

钢筋的疲劳极限与其抗拉强度有关。在正常情况下，抗拉强度高，
疲劳极限也较高。由于疲劳裂纹是在应力集中处形成、发展的，所以
钢筋的疲劳极限不仅与其内部组织有关，还与其表面质量有关。

在测定钢筋的疲劳极限时，应当根据结构使用条件确定所采用
的应力循环类型、应力比值（最小与最大应力之比）与循环基数。
通常采用的是承受大小改变的拉应力大循环，非预应力筋的应力比
值通常为 0.1～0.8，循环基数通常为 200 万次或 400 万次以上，
预应力筋的应力比值通常为 0.7～0.85。

1.3.5 冷弯性能

冷弯性能是指钢筋在常温（20±3）℃的条件下，承受弯曲变形
的能力。钢筋冷弯是衡量钢筋的塑性指标。钢筋弯折、做弯钩时，
应避免钢筋产生裂纹和折断。低强度的热轧钢筋冷弯性能较好，强
度较高的稍差，冷加工钢筋的冷弯性能最差。

冷弯性能指标可以通过冷弯试验来确定，用弯曲角度（α）以
及弯心直径（d）对试件的厚度或直径（a）的比值表示。弯曲角
度越大，弯心直径对试件厚度或直径的比值越小，则表示钢筋的冷

弯性能越好，如图 1-7 所示。

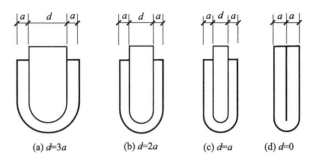

(a) $d=3a$　　(b) $d=2a$　　(c) $d=a$　　(d) $d=0$

图 1-7　钢筋冷弯示意

按照规定的弯曲角度和弯心直径进行试验，试件的弯曲处不产生毛刺、裂纹、裂断及起层，则可认为冷弯性能合格。

1.3.6　焊接性能

钢材的可焊性是指被焊钢材在采用一定焊接材料、焊接工艺条件下，获得优质焊接接头的难易程度，即钢材对焊接加工的适应性。

钢材的可焊性用碳当量（C_{eq}）来估计，计算公式如下：

$$C_{eq}=C+\frac{Mn}{6}+\frac{Cr+Mo+V}{5}+\frac{Ni+Cu}{15} \tag{1-4}$$

式中，元素符号表示钢材化学成分中的元素含量，%。C 为碳；Mn 为锰；Cr 为铬；Mo 为钼；V 为钒；Ni 为镍；Cu 为铜。

焊接性能随着碳当量百分比的增高而降低。通常规定碳当量不大于 0.55%，认为是可焊的。根据我国经验，对于碳钢或低合金钢，当 $C_{eq}<0.40\%$ 时，焊接性能优良；$C_{eq}=0.40\%\sim0.55\%$ 时，需要预热和控制焊接工艺；$C_{eq}>0.55\%$ 时，难焊。

1.3.7　锚固性能

钢筋在混凝土中的黏结锚固作用主要有以下几个。

（1）胶结力。即接触面上的化学吸附作用，但其影响不大。

（2）摩阻力。它与接触面的粗糙程度及侧压力有关，且随滑移发展其作用逐渐减小。

（3）咬合力。这是带肋钢筋横肋对肋前混凝土挤压而产生的，是带肋钢筋锚固力的主要来源。

（4）机械锚固力。这是指弯钩、弯折及附加锚固等措施（如焊锚板、贴焊钢筋等）提供的锚固作用。

1.4　钢筋质量控制

1.4.1　检查项目和方法

（1）主控项目

① 钢筋在进场时，应当按照现行国家相关标准的规定抽取试件做力学性能和质量偏差检验，检验结果必须符合有关标准的规定。

检查数量：按照进场的批次和产品的抽样检验方案确定。

检验方法：检查产品合格证、出厂检验报告和进场复验报告。

② 对有抗震设防要求的结构，其纵向受力钢筋的性能应当满足设计要求；当设计没有具体要求时，对按照一、二、三级抗震等级设计的框架和斜撑构件（含梯段）中的纵向受力钢筋应当采用HRB335E、HRB400E、HRB500E、HRBF335E、HRBF、400E或 HRBF500E 钢筋，其强度和最大力下总伸长率的实测值应当符合以下规定。

a. 钢筋的抗拉强度实测值与屈服强度实测值的比值不应小于 1.25。

b. 钢筋的屈服强度实测值与强度标准值的比值不应大于 1.30。

c. 钢筋的最大力下总伸长率不应小于 9%。

检查数量：按照进场的批次及产品的抽样检验方案进行确定。

检验方法：检查进场复验报告。

③ 当发现钢筋脆断、焊接性能不良或是力学性能显著不正常等现象时，应当对该批钢筋进行化学成分检验或其他专项检验。

检验方法：检查化学成分等专项检验报告。

（2）一般项目。钢筋应当平直、无损伤，表面不得存在裂纹、油污、颗粒状或片状老锈。

检查数量：在进场时和使用前全数检查。

检验方法：观察。

1.4.2　热轧钢筋检验

热轧钢筋的检验分为特征值检验和交货检验。

（1）特征值检验。特征值检验适用于以下情况。

① 供方对产品质量控制的检验。

② 需方提出要求，经供需双方协议一致的检验。

③ 第三方产品认证及仲裁检验。

特征值检验规则应当按照《钢筋混凝土用钢 第1部分：热轧光圆钢筋》（GB 1499.1—2008）的规定进行。

（2）交货检验。交货检验适用于钢筋验收批的检验。

① 组批规则。钢筋应按批进行检查和验收，每批由同一牌号、同一炉罐号、同一规格的钢筋组成。每批质量一般不大于60t。超过60t部分，每增加40t（或不足40t的余数），增加一个拉伸试验试样和一个弯曲试验试样。

允许由同一牌号、同一冶炼方法、同一浇筑方法的不同炉罐号组成混合批，但各炉罐号含碳量之差不大于0.02%，含锰量之差不大于0.15%。混合批的质量不大于60t。

② 检验项目和取样数量。热轧检验项目和取样数量应当符合表1-15的规定。

表1-15　热轧钢筋检验项目及取样数量

序号	检验项目	取样数量	取样方法	试验方法
1	化学成分（熔炼分析）	1	GB/T 20065—2006	GB/T 223 系列标准
2	拉伸	2	任选两根钢筋切取	GB/T 4336—2016
3	弯曲	2	任选两根钢筋切取	GB/T 228.1—2010、GB 1499.2—2007

序号	检验项目	取样数量	取样方法	试验方法
4	反向弯曲	1	—	GB/T 232—2010、GB 1499.2—2007
5	疲劳试验		供需双方协议	
6	尺寸	逐支	—	GB 1499.2—2007
7	表面	逐支	—	目视
8	质量偏差	—	—	GB 1499.2—2007
9	晶粒度	2	任选两根钢筋切取	GB/T 6394—2002

注：1. 对化学分析和拉伸试验结果有争议时，仲裁试验分别按《钢铁及合金化学分析方法》（GB/T 223）系列标准、《金属材料拉伸试验第 1 部分：室温试验方法》（GB/T 228.1—2010）进行。

2. 第 4、5、9 项检验项目仅适用于热轧带肋钢筋。

③ 检验方法

a. 表面质量。钢筋应无有害表面缺陷。只要经过钢丝刷刷过的试样的质量、尺寸、横截面积和拉伸性能不低于相关要求，锈皮、表面不平整或氧化铁皮不作为拒收的理由。当带有以上规定的缺陷以外的表面缺陷的试样不符合拉伸性能或是弯曲性能要求时，则认为这些缺陷是有害的。

b. 拉伸、弯曲、反向弯曲试验

ⅰ. 拉伸、弯曲、反向弯曲试验试样不允许进行车削加工。

ⅱ. 计算钢筋强度用截面面积应当符合公称横截面面积与理论质量的规定。

ⅲ. 最大总伸长率 A_{gt} 的检验，除按表 1-18 规定及采用《金属材料拉伸试验第 1 部分：室温试验方法》（GB/T 228.1—2010）的有关试验方法外，也可以采用《钢筋混凝土用钢第 1 部分：热轧光圆钢筋》（GB 1499.1—2008）附录 A 的方法。

ⅳ. 反向弯曲试验时，经正向弯曲的试样，应当在 100℃温度下保温不少于 30min，经自然冷却后再反向弯曲。当供方能够保证钢筋经人工时效后的反向弯曲性能时，正向弯曲后的试样亦可以在室温下直接进行反向弯曲。

c. 尺寸测量

ⅰ. 钢筋直径的测量精确到 0.1mm。

ⅱ. 带肋钢筋纵肋、横肋高度的测量采用测量同一截面两侧横肋中心高度平均值的方法，即测取钢筋最大外径，减去该处内径，所得数值的一半为该处肋高，应当精确到 0.1mm。

ⅲ. 带肋钢筋横肋间距采用测量平均肋距的方法进行测量。即测取钢筋一面上第 1 个与第 11 个横肋的中心距离，该数值除以 10 即为横肋间距，应当精确到 0.1mm。

d. 质量偏差的测量

ⅰ. 测量钢筋质量偏差时，试样应从不同钢筋上截取，数量不少于 5 支，每支试样长度不小于 500mm。长度应逐支测量，应精确到 1mm。测量试样总质量时，应当精确到不大于总质量的 1%。

ⅱ. 钢筋实际质量与理论质量的偏差（%）按下式计算：

$$质量偏差 = \frac{试样实际质量 - (试样总长度 \times 理论质量)}{试样总长度 \times 理论质量} \times 100$$

1.4.3 冷轧带肋钢筋检验

（1）组批规则。冷轧带肋钢筋应按批进行检查和验收，每批应当由同一牌号、同一外形、同一规格、同一生产工艺和同一交货状态的钢筋组成，每批质量不大于 60t。

（2）检查项目和取样数量。冷轧带肋钢筋检验的取样数量应当符合表 1-16 的规定。

表 1-16　冷轧带肋钢筋的检验项目及取样数量

试验项目	取样数量	取样方法	试验方法
拉伸试验	每盘 1 个	在每(任)盘中随机切取	GB/T 228.1—2010
弯曲试验	每批 2 个		GB/T 232—2010
反复弯曲试验	每批 2 个		GB/T 238—2013
应力松弛试验	定期 1 个		GB/T 10120—2013、GB 13788—2008
尺寸	逐盘	—	GB 13783—1992
表面	逐盘	—	目视
质量偏差	每盘 1 个	—	GB 13788—2008

1.4.4　冷轧扭钢筋检验

（1）检验分类

① 出厂检验。冷轧扭钢筋的出厂检验以验收批为基础，冷轧扭钢筋交货时应当按表 1-20 的规定进行检验。

② 形式检验。凡属下列情况之一者，冷轧扭钢筋应当进行形式检验。

a. 新产品或是老产品转厂生产的试制定型鉴定（包括技术转让）。

b. 正式生产之后，当结构、材料、工艺有改变而可能影响产品性能时。

c. 正常生产每台（套）钢筋冷轧扭机累积产量达到 1000t 后周期性进行。

d. 长期停产后恢复生产时。

e. 出厂检验与上次形式检验存在较大差别时。

f. 国家质量监督机构提出进行形式检验要求时。

冷轧扭钢筋的出厂检验和形式检验的项目内容、取样数量和测试方法应当符合表 1-17 的规定。

表 1-17　冷轧扭钢筋的检验项目及取样数量

检验项目	取样数量		试验方法	备　　注
	出厂检验	形式检验		
外观	逐根	逐根	目视	—
截面控制尺寸	每批 3 根	每批 3 根	JG 190—2006	—
节距	每批 3 根	每批 3 根	JG 190—2006	—
定尺长度	每批 3 根	每批 3 根	JG 190—2006	—
质量	每批 3 根	每批 3 根	JG 190—2006	—
化学成分		每批 3 根	GB 223.69—2008	仅当材料的力学性能指标不符合 JG 190—2006 时进行
拉伸试验	每批 2 根	每批 3 根	JG 190—2006	可采用前五项同批试样
180°弯曲试验	每批 1 根	每批 3 根	GB/T 232—2010	

（2）验收分批规则。冷轧扭钢筋验收批应当由同一型号、同一强度等级、同一规格尺寸、同一台（套）轧机生产的钢筋组成，且

每批的质量不应大于 20t，不足 20t 按一批计。

（3）判定规则

① 当全部检验项目都符合《冷轧扭钢筋》（JG 190—2006）规定时，则该批型号的冷轧扭钢筋判定为合格。

② 当检验项目中一项或几项检验结果不符合 JG 190—2006 相关规定时，则应当从同一批钢筋中重新加倍随机抽样，对不合格项目进行复检。如果试样复检后合格，则可以判定该批钢筋合格。否则应当根据不同项目按下列规则判定。

a. 当抗拉强度、伸长率、180°弯曲性能不合格或质量负偏差大于 5% 时，判定该批钢筋为不合格。

b. 当钢筋力学与工艺性能合格，但截面控制尺寸（轧扁厚度、边长或内外圆直径）小于 JG 190—2006 规定值或是节距大于 JG 190—2006 规定值时，该批钢筋应当复验后降直径规格使用。

1.4.5　冷拔螺旋钢筋检验

（1）钢筋试验项目及方法

① 冷拔螺旋钢筋的试验项目、取样方法、试验方法应符合表 1-18 的规定。

表 1-18　冷拔螺旋钢筋试验

试验项目	取样数量	取样方法	试验方法
化学成分(熔炼分析)	每炉 1 个	GB/T 222—2006	GB/T 222—2006
拉伸试验	逐盘 1 个	在每(任)盘中的任意一端去 300mm 后切取	GB 228.1—2010
弯曲试验	每批 2 个		GB 232—2010
松弛试验	定期 1 个		冷拔螺旋钢筋产品标准
尺寸	逐盘 1 个	—	卡尺、投影仪
表面	逐盘	—	肉眼
质量误差	逐盘 1 个	—	冷拔螺旋钢筋产品标准

② 钢筋松弛试验要求

a. 试验期间试样的环境温度应当保持在 20℃±2℃。

b. 试样可以进行机械校直，但不得进行任何热处理及其他冷加工。

c. 加在试样上的初始荷载为试样实际强度的 70% 乘以试样的工程面积。

d. 加荷载速度为 (200±50)MPa/min，加荷完毕保持 2min 之后开始计算松弛值。

e. 试样长度不小于公称直径的 60 倍。

（2）尺寸测量及质量偏差的测量

① 槽深及筋顶宽通过取 10 处实测，取平均值求得。尺寸测量精度精确到 0.02mm。

② 质量偏差的测量。测量钢筋质量偏差时，试样长度应当不小于 0.5m。钢筋质量偏差值按照下式计算：

$$质量偏差 = \frac{实际质量 - (总长度 \times 公称质量)}{总长度 \times 公称质量} \times 100$$

（3）检验规则

① 钢筋的质量。由供方进行检查和验收，需方有权进行复查。

② 组批规则。钢筋应当成批验收。每批应当由同一牌号、同一规格和同一级别的钢筋组成，每批质量不大于 50t。

③ 取样数量。钢筋的取样数量应当符合表 1-18 的规定。

供方在确保屈服强度合格的条件下，可以不逐盘进行屈服强度试验。如用户有特殊要求，应当在合同中注明。

供方应当定期进行应力松弛测定。如需方要求，供方应提供交货批的应力松弛值。

1.4.6　冷拔低碳钢丝检验

（1）检验方法

① 冷拔低碳钢丝的表面质量用目视检查。

② 冷拔低碳钢丝的直径应采用分度值不低于 0.01mm 的量具测量，测量位置应当为同一截面的两个垂直方向，试验结果为两次测量值的平均值，精确到 0.01mm。

③ 拉伸试验应当按《金属材料拉伸试验　第 1 部分：室温试

验方法》（GB/T 228.1—2010）的规定进行。计算抗拉强度时应当取冷拔低碳钢丝的公称横截面面积值。

④ 断后伸长率的测定应当按 GB/T 228.1—2010 的规定进行。在日常检验时，试样的标距划痕不得导致断裂发生在划痕处。试样长度应当确保试验机上下钳口之间的距离超过原始标距 50mm。测量断后标距的量具最小刻度应当不小于 0.1mm。测得的伸长率应当精确到 0.5%。

（2）检验规则

① 组批规则。冷拔低碳钢丝应当成批进行检查和验收，每批冷拔低碳钢丝应由同一钢厂、同一钢号、同一总压缩率、同一直径组成。甲级冷拔低碳钢丝每批质量不大于 30t，乙级冷拔低碳钢丝每批质量不大于 50t。

② 检验项目和取样数量。进行冷拔低碳钢丝的检验项目为表面质量、直径、抗拉强度、断后伸长率及反复弯曲次数。

冷拔低碳钢丝的直径每批抽查数量不少于 5 盘。

甲级冷拔低碳钢丝抗拉强度、断后伸长率及反复弯曲次数应当逐盘进行检验；乙级冷拔低碳钢丝抗拉强度、断后伸长率及反复弯曲次数每批抽查数量不少于 3 盘。

③ 复检规则。冷拔低碳钢丝的表面质量检查时，如有不合格者应当予以剔除。

甲级冷拔低碳钢丝的直径、抗拉强度、断后伸长率及反复弯曲次数如有某检验项目不合格时，不得进行复检。

乙级冷拔低碳钢丝的直径、抗拉强度、断后伸长率及反复弯曲次数如有某检验项目不合格时，可以从该批冷拔低碳钢丝中抽取双倍数量的试样进行复检。

④ 判定规则。甲级冷拔低碳钢丝如有某检验项目不合格时，该批冷拔低碳钢丝判定为不合格。

乙级冷拔低碳钢丝所检项目合格或是复检合格时，则该批冷拔低碳钢丝判定为合格；如复检中仍有某检验项目不合格，则该批冷拔低碳钢丝判定为不合格。

1.5 钢筋的现场存放与保管

（1）普通钢筋存放与保管

① 钢筋在运输和储存时，不得损坏标志。在施工现场必须按批分不同等级、牌号、直径、长度分别挂牌堆放整齐，并注明数量，不得混淆。

② 钢筋应当尽量堆放在仓库或料棚内，在条件不具备时，应当选择地势较高、较平坦坚实的露天场地堆放。在场地或仓库周围要设排水沟，以免积水。在堆放时，钢筋下面要填以垫木。离地高度不宜少于 200mm，也可以用钢筋堆放架堆放，以免钢筋锈蚀和污染。

③ 钢筋堆放时，应当防止与酸、盐、油等类物品存放在一起。堆放场地不要和产生有害气体的车间靠近，以免钢筋被油污染和受到腐蚀。

④ 已加工的钢筋成品，要分工程名称和构件名称，按号码的顺序堆放，同一工程与同一构件的钢筋要放在一起，按号码进行排列，牌上注明构件名称、部位、钢筋形式、尺寸、钢号、直径、根数，不得将几项工程的钢筋叠放在一起。

（2）预应力钢筋存放与保管

① 预应力钢筋在出厂时，在每捆（盘）上都应当挂有标牌，并附有出厂质量证明书。成盘卷的预应力筋，宜在出厂前加防潮纸、麻布等材料包装。

② 装卸无轴包装的钢绞线、钢丝时，宜采用 3 根吊索，也可以采用叉车。每次吊运一件，避免碰撞损坏钢绞线。

③ 在室外存放时，不得直接堆放在地面上，必须采取支垫枕木并用毡布覆盖等有效措施，防止雨雪和各种腐蚀性气体、介质的影响。

④ 长期堆放应当设置仓库，库内应当干燥、防潮、通风良好、无腐蚀气体和介质。

⑤ 如储藏时间过长，宜用乳化防锈剂喷涂预应力筋表面保护。

2 混凝土结构对钢筋连接的要求

2.1 钢筋在混凝土结构中的作用

钢筋在建筑工程中的重要作用是通过钢筋混凝土体现出来的。

钢筋混凝土是由钢筋和混凝土两种力学性能不同的材料组成的。我们知道混凝土是一种人造石,其抗压强度较高,可以抗拉的强度却很低,而钢筋的抗拉强度很高。为了充分利用材料的力学性能,我们在混凝土中加入钢筋,让它们结合在一起共同工作,使混凝土主要承受压力,而钢筋主要承受拉力,以满足工程结构的不同要求。

在工程的结构中,钢筋混凝土构件的类型较多,它们的受力和作用也各不相同,因此构件内钢筋的组成及作用也不尽相同。

(1) 钢筋混凝土梁内钢筋的组成和作用。钢筋混凝土梁内主要配有纵向受力钢筋、弯起钢筋、架立钢筋和箍筋四种钢筋,如图2-1 所示。

① 纵向受力钢筋的作用。纵向受力钢筋的作用主要是承受由外力在梁内产生的拉应力,因此这种钢筋应当放在梁的受拉一侧。

② 弯起钢筋的作用。弯起钢筋是由纵向受力钢筋弯起形成的,

图 2-1　钢筋混凝土梁的配筋
1—架立钢筋；2—弯起钢筋；3—箍筋；4—砖墙；5—梁；6—受力钢筋

其作用是除了在跨中承受由弯矩产生的拉应力外，在靠近支座的弯起段还用来承受剪应力。

③ 架立钢筋的作用。架立钢筋的主要作用是固定钢筋的正确位置，并形成有一定刚度的钢筋骨架。此外，架立钢筋还可以承受由于温度变化和混凝土收缩而产生的应力，防止产生裂缝。这种钢筋一般布置在梁的受压区外边缘两侧，与纵向受力钢筋平行。

④ 箍筋的作用。箍筋的主要作用是承受剪力，固定受力钢筋的位置，同时，通过绑扎或是焊接使箍筋与其他钢筋形成一个整体性好的空间骨架。

（2）钢筋混凝土板内钢筋的组成和作用。钢筋混凝土板内主要配有受力钢筋和分布钢筋或是架立钢筋，如图 2-2 所示。

① 受力钢筋的作用。板的受力钢筋与梁的纵向受力钢筋作用相同，主要承受由弯矩产生的拉应力，它通常沿板的跨度方向在受拉区布置。

② 分布钢筋或是架立钢筋的作用。分布钢筋的作用是将板上的外力更有效地传递到受力钢筋上，防止因温度变化和混凝土收缩而产生裂缝，并固定受力钢筋的正确位置。

（3）钢筋混凝土柱内钢筋的组成和作用。钢筋混凝土柱根据外

图 2-2   钢筋混凝土板的配筋

1—板；2—受力钢筋；3—梁；4—分布钢筋

力作用方式不同，可以分为轴心受压柱和偏心受压柱。轴心受压柱内配有对称的纵向受力钢筋和箍筋，如图 2-3 所示。

图 2-3   钢筋混凝土柱的配筋

1—纵向受力钢筋；2—箍筋；3—梁；4—柱；5—板

① 纵向受力钢筋的作用。纵向受力钢筋的作用是与混凝土共同承担中心荷载在截面内产生的压应力。当柱受偏心荷载作用时，纵向受力钢筋还承受由偏心荷载引起的拉应力。

② 箍筋的作用。箍筋的作用是确保纵向受力钢筋的位置正确，防止纵向受力钢筋被压弯曲，提高柱子的承载能力。在柱子及其他受压构件中，箍筋是做成封闭式的。

（4）钢筋混凝土墙内钢筋的组成和作用。在钢筋混凝土墙内，根据设计要求可以配置单层或双层钢筋网片。钢筋网片主要由竖筋和横筋组成，在采用双层钢筋网片时，在两层钢筋网片之间还设置拉筋，如图 2-4 所示。

图 2-4　钢筋混凝土墙体的配筋
1—拉筋；2—竖筋；3—横筋

竖筋的作用是承受水平荷载对墙体产生的拉应力。横筋的作用是固定竖筋位置，并承受一定的剪力。

2.2　混凝土结构中钢筋连接构造要求

2.2.1　混凝土构件中的常用钢筋

钢筋按其在构件中所起作用的不同，会加工成不同的形状。构件中常见的钢筋可以分为主钢筋（纵向受力钢筋）、弯起钢筋（斜钢筋）、架立钢筋、分布钢筋、腰筋、拉筋和箍筋几种类型，如图 2-5 所示。各种钢筋在构件中的作用如下。

（1）主钢筋。主钢筋又称"纵向受力钢筋"，分为受拉钢筋和受压钢筋两类。受拉钢筋配置在受弯构件的受拉区和受拉构件中承受拉力；受压钢筋配置在受弯构件的受压区和受压构件中，与混凝土共同承担压力。在受弯构件受压区配置主钢筋一般是不经济的，只有在受压区混凝土不足以承受压力时，才在受压区配置受压主钢筋以补强。受拉钢筋在构件中的位置如图 2-6 所示。

(a) 梁

1—弯起钢筋；2—箍筋；3—受拉钢筋；4—架立钢筋

(b) 柱

1—受压钢筋；2—箍筋

(c) 悬臂板

1—受拉钢筋；2—分布钢筋

图 2-5　钢筋在构件中的种类

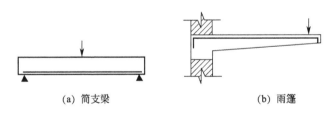

(a) 简支梁　　　　　　　　(b) 雨篷

图 2-6　受拉钢筋在构件中的位置

受压钢筋是通过计算用以承受压力的钢筋，通常配置在受压构件当中，例如各种柱子、桩或是屋架的受压腹杆内，受弯构件的受压区内也需配置受压钢筋。虽然混凝土的抗压强度较大，然而钢筋的抗压强度远大于混凝土的抗压强度，在构件的受压区配置受压钢筋，帮助混凝土承担压力，就可减小受压构件或受压区的截面尺寸。受压钢筋在构件中的位置如图 2-7 所示。

(a) 梁　　　　　　　　(b) 柱

图 2-7　受压钢筋在构件中的位置

（2）弯起钢筋。弯起钢筋是受拉钢筋的一种变化形式。在简支梁当中，为了抵抗支座附近由于受弯和受剪而产生的斜向拉力，就将受拉钢筋的两端弯起来，承受这部分斜拉力，称之为"弯起钢筋"。但在连续梁和连续板当中，经试验证明受拉区是变化的：跨中受拉区在连续梁、板的下部；到接近支座的部位时，受拉区主要移到梁、板的上部。为了适应这种受力的情况，受拉钢筋到一定位置就须弯起。弯起钢筋在构件中的位置如图 2-8 所示。斜钢筋通常由主钢筋弯起，当主钢筋长度不够弯起时，也可以采用吊筋，如图 2-9 所示，但不得采用浮筋。

(a) 简支梁　　　　　　(b) 悬臂梁　　　　　　(c) 横梁

图 2-8　弯起钢筋在构件中的位置

图 2-9　吊筋布置图

1—吊筋；2—拉区；3—浮筋

（3）架立钢筋。架立钢筋能够固定箍筋，并与主筋等一起连成钢筋骨架，确保受力钢筋的设计位置，使其在浇筑混凝土的过程中不发生移动。

架立钢筋的作用是使受力钢筋和箍筋保持正确位置，以形成骨架。但当梁的高度小于150mm时，可以不设箍筋，在这种情况下，梁内也不设架立钢筋。架立钢筋的直径通常为8～12mm。架立钢筋在钢筋骨架中的位置，如图2-10所示。

图2-10　架立筋、腰筋等在钢筋骨架中的位置

1—拉筋；2—弯起钢筋；3—吊环钢筋；4—架立钢筋；5—箍筋；6—腰筋

（4）分布钢筋。分布钢筋是指在垂直于板内主钢筋方向上布置的构造钢筋。其作用是将板面上的荷载更均匀地传递给受力钢筋，也可以在施工中通过绑扎或点焊以固定主钢筋位置，还可以抵抗温度应力和混凝土收缩应力。分布钢筋在构件中的位置如图2-11所示。

（5）腰筋与拉筋。当梁的截面高度超过700mm时，为了确保受力钢筋与箍筋整体骨架的稳定，以及承受构件中部混凝土收缩或温度变化所产生的拉力，在梁的两侧面沿高度每隔300～400mm设置一根直径不小于10mm的纵向构造钢筋，称之为"腰筋"。腰筋要用拉筋连系，拉筋直径采用6～8mm，如图2-12所示。

腰筋的作用是防止梁太高时因混凝土收缩和温度变化导致梁变形而产生的竖向裂缝，同时可以加强钢筋骨架的刚度。

(a) 简支板　　　　　　　　(b) 雨篷

图 2-11　分布钢筋在构件中的位置

1—受力钢筋；2—分布钢筋

图 2-12　腰筋与拉筋布置

1—拉筋；2—腰筋

　　因安装钢筋混凝土构件的需要，在预制构件当中，根据构件体形和质量，在一定位置设置有吊环钢筋。在构件和墙体连接处，部分还预埋有锚固筋等。腰筋、拉筋、吊环钢筋在钢筋骨架中的位置如图 2-12 所示。

　　（6）箍筋。箍筋的构造形式如图 2-13 所示。

　　箍筋的主要作用是固定受力钢筋在构件中的位置，并使钢筋形成坚固的骨架，同时箍筋还可以承担部分拉力及剪力等。

　　箍筋除了可以满足斜截面抗剪强度之外，还有使连接的受拉主钢筋和受压区的混凝土共同工作的作用。此外，也可以用于固定主钢筋的位置而使梁内各种钢筋构成钢筋骨架。

　　箍筋的形式主要包括开口式和闭口式两种。闭口式箍筋有三角形、圆形和矩形等多种形式。单个矩形闭口式箍筋也称"双肢

(a) 螺旋形箍筋　(b) 单肢箍　(c) 闭口双肢箍　(d) 开口双肢箍

(e) 闭口三角箍　　(f) 闭口圆形箍　　(g) 各种组合箍筋

图 2-13　箍筋的构造形式

箍"；两个双肢箍拼在一起称为"四肢箍"。在截面较小的梁中可以使用单肢箍；在圆形或一些矩形的长条构件中也有使用螺旋形箍筋的。

2.2.2　框架柱纵向钢筋连接构造

（1）KZ 纵向钢筋连接构造

① 柱相邻纵向钢筋连接接头相互错开。在同一连接区段内钢筋接头面积百分率不宜大于 50％。

② 图 2-14、图 2-15 中 h_c 为柱截面长边尺寸（圆柱为截面直径），H_n 为所在楼层的柱净高。

③ 轴心受拉及小偏心受拉柱内的纵向钢筋不得采用绑扎搭接接头，设计者应在柱平法结构施工图中注明其平面位置及层数。

④ 上柱钢筋比下柱多时见图 2-15(a)，上柱钢筋直径比下柱钢筋直径大时见图 2-15(b)，下柱钢筋比上柱多时见图 2-15(c)，下柱钢筋直径比上柱钢筋直径大时见图 2-15(d)。图 2-15 中为绑扎搭接，也可采用机械连接和焊接连接。

图 2-14　KZ 纵向钢筋连接

（2）地下室 KZ 纵向钢筋连接构造

① 图 2-16～图 2-18 中钢筋连接构造及柱箍筋加密区范围用于嵌固部位不在基础顶面情况下地下室部分（基础顶面至嵌固部位）的柱。

② 图 2-16～图 2-18 中 h_c 为柱截面长边尺寸（圆柱为截面直径），H_n 为所在楼层的柱净高。

图 2-15 KZ 纵向钢筋连接构造

图 2-16 KZ 纵向钢筋连接

图 2-17 箍筋加密区范围

图 2-18 地下一层增加钢筋在嵌固部位的锚固构造

2.2.3 剪力墙竖向分布钢筋连接构造

（1）剪力墙竖向钢筋构造

① 剪力墙竖向分布钢筋连接构造，如图 2-19 所示。端柱竖向钢筋和箍筋的构造与框架柱相同。矩形截面独立墙肢，当截面高度不大于截面厚度的 4 倍时，其竖向钢筋和箍筋的构造要求与框架柱相同或按设计要求设置。

② 剪力墙边缘构件纵向钢筋连接构造，如图 2-20 所示。约束边缘构件阴影部分、构造边缘构件、扶壁柱及非边缘暗柱的纵筋搭接长度范围内，箍筋直径应不小于纵向搭接钢筋最大直径的 0.25

倍, 箍筋间距不大于 100。

(a) 一、二级抗震等级剪力墙底部加强部位竖向分布钢筋搭接构造

(b) 各级抗震等级剪力墙竖向分布钢筋机械连接构造

(c) 各级抗震等级剪力墙竖向分布钢筋焊接构造

(d) 一、二级抗震等级剪力墙非底部加强部位或三、四级抗震等级剪力墙竖向分布钢筋可在同一部位搭接

图 2-19 剪力墙竖向分布钢筋连接构造

(a) 绑扎搭接

(b) 机械连接

(c) 焊接

图 2-20 剪力墙边缘构件纵向钢筋连接构造

(适用于约束边缘构件阴影部分和构造边缘构件的纵向钢筋)

③ 剪力墙分布钢筋配置若多于两排，水平分布筋宜均匀放置，竖向分布钢筋在保持相同配筋率条件下外排筋直径宜大于内排筋直径。

（2）剪力墙竖向钢筋顶部构造及施工缝处抗剪用钢筋连接构造。剪力墙层高范围最下一排拉结筋位于底部板顶以上第二排水平分布钢筋位置处，最上一排拉结筋位于层顶部板底（梁底）以下第一排水平分布钢筋位置处。

① 剪力墙竖向钢筋顶部构造，如图 2-21 所示。

(a) 图示一

(b) 图示二

(c) 图示三

(d) 图示四

图 2-21 剪力墙竖向钢筋顶部构造

② 施工缝处抗剪用钢筋连接构造，如图 2-22 所示。

图 2-22 施工缝处抗剪用钢筋连接构造

2.2.4 框架梁纵向钢筋搭接构造

（1）中间层中间节点梁下部筋在节点外搭接。中间层中间节点梁下部筋在节点外搭接，如图 2-23 所示。梁下部钢筋不能在柱内锚固时，可在节点外搭接。相邻跨钢筋直径不同时，搭接位置位于较小直径一跨。

图 2-23 中间层中间节点梁下部筋在节点外搭接

① 图 2-23 中 h_c 为柱截面沿框架方向的高度。

② 当上柱截面尺寸小于下柱截面尺寸时，梁上部钢筋的锚固长度起算位置应为上柱内边缘，梁下纵筋的锚固长度起算位置为下柱内边缘。

（2）屋面框架梁 WKL 纵向钢筋构造。屋面框架梁 WKL 纵向钢筋构造如图 2-24 所示。

① 跨度值 l_n 为左跨 l_{ni} 和右跨 $l_{ni}+1$ 之较大值，其中 $i=1, 2, 3, \cdots\cdots$

图 2-24 屋面框架梁 WKL 纵向钢筋构造

② 图 2-24 中 h_c 为柱截面沿框架方向的高度。

③ 梁上部通长钢筋与非贯通钢筋直径相同时，连接位置宜位于跨中 $l_{ni}/3$ 范围内；梁下部钢筋连接位置宜位于支座 $l_{ni}/3$ 范围内；且在同一连接区段内连接钢筋接头面积百分率不宜大于 50%。

2.2.5 板上部贯通纵筋连接构造

有梁楼盖不等跨板上部贯通纵筋连接构造，如图 2-25～图 2-27 所示。l'_{nX} 是轴线 A 左右两跨的较大净跨度值；l'_{nY} 是轴线 C 左右两跨的较大净跨度值。

图 2-25 不等跨板上部贯通纵筋连接构造（一）

注：当钢筋足够长时能通则通。

图 2-26 不等跨板上部贯通纵筋连接构造（二）

注：当钢筋足够长时能通则通。

2.2.6 纵向钢筋非接触搭接构造

板纵向钢筋的连接可采用绑扎搭接、机械连接或焊接。当板纵向钢筋采用非接触方式的绑扎搭接连接时（图 2-28），其搭接部位的钢筋净距不宜小于 30mm，且钢筋中心距不应大于 $0.2l_l$ 及 150mm 的较小者。

图 2-27　不等跨板上部贯通纵筋连接构造（三）

注：当钢筋足够长时能通则通。

图 2-28　纵向钢筋非接触搭接构造

注：非接触搭接使混凝土能够与搭接范围内所有钢筋的全表面充分粘接，

可以提高搭接钢筋之间通过混凝土传力的可靠度。

（1）在搭接范围内，相互搭接的纵筋与横向钢筋的每个交叉点均应进行绑扎。

（2）抗裂构造钢筋、抗温度筋自身及其与受力主筋搭接长度为。

（3）板上下贯通筋可兼作抗裂构造筋和抗温度筋。当下部贯通筋兼作抗温度钢筋时，其在支座的锚固由设计者确定。

（4）分布筋自身及与受力主筋、构造钢筋的搭接长度为 150；当分布筋兼作抗温度筋时，其自身及与受力主筋、构造钢筋的搭接长度为 l_l 其在支座的锚固按受拉要求考虑。

2.3 混凝土结构对钢筋连接性能的要求

2.3.1 强度要求

钢筋的连接接头作为受力钢筋的一部分，在混凝土结构中也要承担全部内力（拉力或压力），因此其抗拉（或抗压）强度，也是连接接头最重要的力学性能。混凝土对钢筋连接接头强度的要求共包括以下三种。

（1）屈服强度。钢筋的连接接头应具有不小于其屈服强度的传力性能，才能够确保具有设计要求承载力的传力性能。这是所有钢筋接头的起码要求。

（2）极限强度。钢筋连接接头达到最大拉力后断裂，连接接头达到最大力相应的应力为极限强度。钢筋的连接接头达到极限强度之后，就会使传力中断，造成构件解体，甚至还可能引起结构倒塌的严重后果。但是，如果钢筋连接接头强度过高，可能会造成塑性铰转移，也并不有利，后文将会详述。

（3）疲劳强度。吊车梁中受力钢筋的连接接头在疲劳荷载作用下也可能会发生疲劳破坏。相应的疲劳强度也会影响吊车梁的结构性能。由于目前实际工程中吊车梁多已采用钢结构的形式，钢筋接头的疲劳强度已经不常应用了。

2.3.2 延性要求

钢筋连接接头同样具有延性要求，延性表明钢筋连接接头在断裂前的变形能力和耗能能力。钢筋连接接头的延性对混凝土构件在地震或其他偶然作用下的破坏形态（过程很长的柔性破坏或是突发性的脆性破坏）有着重大的影响。延性是综合评价钢筋连接接头的最重要的力学性能之一，其重要性完全不亚于强度。钢筋接头的延性包括下述内容。

（1）均匀伸长率（最大力下的总伸长率）。根据设计规范要求，现在已经不再采用断口伸长率（δ_5），而以钢筋连接接头区段的均匀伸长率（δ_{gt}），即最大力下的总伸长率（A_{gt}），作为其延性的指标。例如，要在抗震结构中重要部位使用的"抗震钢筋"，就应当具有不低于 9％的均匀伸长率。而作为机械连接"高性能"的 I 级、II 级接头，就应具有相应的性能。

（2）超强比。通常钢筋的强度越高，延性就越差，强度太高往往蕴含着非延性断裂破坏的可能。因此设计规范中以强制性条文的形式限制抗震钢筋的"超强比"，即钢筋的实测强度不得超过其标准强度太多。

所以对钢筋的连接接头也应当有同样的要求。这一方面是为了确保其延性；另一方面如果连接接头"超强过多"，就可能会造成"塑性铰转移"。根据抗震结构的延性设计要求，在应该形成"塑性铰"的区域，如果不能按照要求"屈服"，就会影响到结构抗震"强柱弱梁"和"强剪弱弯"的延性设计效果。

地震中，梁端钢筋（或接头）超强过多，造成"强梁弱柱"而在柱端形成了"塑性铰"。而在柱端形成的塑性铰，就引起了结构倒塌的严重后果。所以在地震或其他偶然作用下，"延性"是结构最为重要的性能。片面追求接头的"高强"甚至"超高强"，绝对不是钢筋连接应有的发展方向。

2.3.3　变形性能要求

钢筋在拉力的作用下会发生伸长变形，钢材的弹性模量为确定值，由于是通过套筒的间接传力，钢筋连接接头的变形模量就可能有不同程度的减小，可以称为"割线模量"。这种变形模量的减小（割线模量）就可能引起在同一截面中，整体钢筋与钢筋连接接头之间的受力不均匀，从而造成构件受力性能的蜕化。所以对钢筋连接接头的变形性能也应当加以控制，以满足构件正常受力的要求。

（1）弹性模量。除光面钢筋的变形模量与钢材的弹性模量相同之外，所有变形钢筋由于基圆面积率和自重负偏差的影响，弹性模量均有不同程度的减小。

（2）割线模量。除了焊接钢筋通过熔融金属直接传力之外，由于绑扎搭接连接钢筋之间的相对滑移，以及机械连接接头通过套筒间接传力，界面之间的剪切变形和螺纹之间负公差配合的影响，接头的变形性能都会减小，所以钢筋连接接头伸长变形的数值不可避免地都会小于相应被连接钢筋的弹性模量，即钢筋连接接头的割线模量都会有不同程度的降低。其结果会造成整体钢筋与连接接头之间受力的不均匀，从而影响到其承载受力性能。

2.3.4　恢复性能要求

（1）结构的恢复性能。地震（实际是一种强迫位移）或其他的偶然作用，虽然加速度峰值、频率成分等数值巨大但都带有瞬时的性质。只要能够承受这短暂的瞬时作用而不倒塌，结构就有较好的抗灾性能。而且在这类瞬时作用之后，混凝土结构构件的变形还应当有一定的恢复能力。即在偶然作用过去以后，还不希望留下太多不可恢复的变形及破坏。因此，对混凝土结构中受力钢筋的连接接头，也提出了"恢复性能"的要求。

（2）性能蜕化。经历过巨大的偶然作用之后，结构构件及其中的钢筋连接接头，在再度受力的时候，其性能将发生变化——性能蜕化。从构件受力的要求，应当将这种性能的蜕化控制在一定的范围内。

（3）残余变形。遭受地震或其他偶然作用之后，恢复性能的最明显标志是残余变形。这部分不可恢复的残余变形往往表现为残余的裂缝宽度。整体钢筋或是焊接接头的恢复性能比较好，只要受力不超过屈服强度，就基本不会发生残余变形，即使有受力裂缝，也可能闭合或宽度很小。而绑扎搭接和机械连接的接头，因为间接传力造成恢复性能较差，就不可避免地会形成残余变形，并在连接区段两端形成明显的残余裂缝。

2.3.5　连接施工的适应性要求

不同的钢筋的连接接头，在施工时的适应性不同，下面分别

常能够得到保证。但是粗钢筋的施工操作困难，连接质量不太容易控制。

（2）焊接连接。钢筋的焊接连接受到操作条件（环境、温度、位置、方向等）以及人为因素（素质、技能、心理、情绪等）的影响，不确定性很大，所以焊接接头的质量不易得到保证。尤其是在施工现场的原位焊接，质量波动就可能比较大。

此外，焊接质量抽样检验的比例也很小；有些缺陷（如虚焊、内裂缝、夹渣等）难以控制，并且很难通过检查发现。这些质量隐患，往往只有在结构遭遇意外的偶然作用时（如地震等）才暴露出来。另外，焊接还会造成金相组织的变化，并引起温度应力。因此，焊接连接的质量稳定性不易保证，这是焊接连接的最大弱点。

（3）机械连接。通常情况下，钢筋之间的机械连接施工操作比较简便，连接质量的检查手段也相对可靠，因此一般情况下施工质量的波动比较小，质量也容易得到保证。但是机械连接的质量在很大程度上也还取决于施工时工人的操作水平。

挤压过度造成连接套筒的劈裂；锥螺纹容易发生"自锁""倒牙"造成的连接滑脱；镦粗引起金相组织变化——劈裂并容易引起接头脆断；钢筋的外形偏差（自重不足、不圆度、错半圆等）会引起钢筋接头滚轧加工缺陷以及不完整螺纹；套筒内填充介质的施工比较麻烦，且质量和密实性也可能存在问题……这些因素均可能影响钢筋机械连接的质量。所以钢筋的机械连接也同样存有质量稳定性的问题，不能认为采用机械连接的形式质量就能够万无一失了。

2.3.7　接头的尺寸要求

钢筋连接接头的尺寸决定了钢筋的保护层厚度，所以会影响混凝土结构的耐久性。此外，连接接头的尺寸还影响到钢筋的间距和构件中钢筋的布置。不同钢筋连接接头尺寸的影响介绍如下。

（1）绑扎搭接。重叠绑扎的钢筋搭接连接接头尺寸比较大，影响钢筋的间距，在配筋密集的区域还可能会引起钢筋布置的不便。尤其是大直径的粗钢筋，搭接连接还可能会引起更大的施工困难。

（2）焊接连接。焊接连接的尺寸很小，基本与整体钢筋相同。因此基本不会影响保护层的变化，不会造成配筋布置的困难。只是如果在现场原位焊接，在施工操作不便，造成焊接质量难以保证。所以，应当尽量避免手工焊接，尽可能实现工厂化的半自动或自动化的焊接工艺。

（3）机械连接。机械连接通过连接套筒传力，而套筒的直径都大于钢筋，这就会减小保护层的厚度，影响混凝土结构的耐久性和构件中配筋的间距。尤其是镦粗钢筋的螺纹连接和套筒灌浆连接的直径均较大，这种影响更为明显。

2.3.8 经济性要求

（1）绑扎搭接。钢筋的搭接连接比较简单，用细钢丝对连接区段的钢筋绑扎就可以了，所以这种施工比较经济。但是绑扎操作比较费工，劳动条件也较差。当采用高强度钢筋时，钢筋重叠的搭接长度较大，这就会引起钢筋用量和工程价格的上升。

（2）焊接。钢筋的焊接连接也较为经济，但比较费工、费时，劳动条件也比较差。避免手工焊接，实现工厂化的半自动或是自动化的焊接工艺，情况就可以得到改善。

（3）机械连接。机械连接的价格较高，会引起施工成本增加。但是，随着大规模的工程应用和规模化的配套产品生产，近年价格也正在降低。尤其在应用高强度大直径的粗钢筋时，采用机械连接可得到较好的经济效应。

2.4 钢筋连接接头性能分析与试验

2.4.1 绑扎搭接接头性能分析

如果钢筋的搭接长度足够，并在搭接区段有相应的配箍约束措施，则钢筋的绑扎搭接接头也能够达到规定的强度值，满足承载力的要求。但由于搭接钢筋之间的相对滑移，在搭接长度范围内的相对伸长变形就会增加，所以连接接头变形的割线模量就会小于钢筋的弹性模量（图 2-30）。而且卸载以后还会留下残余变形，表现为搭接接头两端不能闭合的残余裂缝（图 2-31）。通常情况下，钢筋搭接接头的破坏有很长的发展过程，所以连接接头的破坏也是延性的。而且只要互相搭接的钢筋不分离，就不会发生承载力突然丧失的非延性破坏。

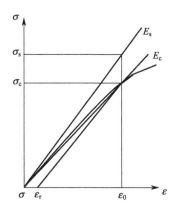

图 2-30　钢筋及接头的弹性模量及割线模量

E_c—连接接头割线模量；E_s—钢筋弹性模量；

ε_r—残余变形；ε_0—应变值；σ_s—整体筋中引起的应力，$\sigma_s = E_s\varepsilon_0$；

σ_c—连接钢筋中的应力，$\sigma_c = E_c\varepsilon_0$

2.4.2　钢筋机械连接接头性能要求与接头型式检验

（1）接头性能要求

① 接头设计应满足强度及变形性能的要求。

② 钢筋连接用套筒应符合现行行业标准《钢筋机械连接用套筒》（JG/T 163—2013）的有关规定；套筒原材料采用 45 号钢冷拔或冷轧精密无缝钢管时，钢管应进行退火处理，并应满足 JG/T 163—2013 对钢管强度限值和断后伸长率的要求。不锈钢钢筋连接套筒原材料宜采用与钢筋母材同材质的棒材或无缝钢管，其外观及力学性能应符合现行国家标准《不锈钢棒》（GB/T 1220—2007）、

图 2-31　钢筋连接接头的性能蜕化

E_c—连接接头割线模量；E_c'—有箍筋约束措施下的连接接头割线模量；

E_s—钢筋弹性模量；F—拉伸载荷；Δ_s—连接接头变形的弹性模量；

Δ_c—连接接头变形的割线模量；Δ_c'—有箍筋约束措施下的连接接头变形的割线模量

《结构用不锈钢无缝钢管》（GB/T 14975—2012）的规定。

③ 接头性能应包括单向拉伸、高应力反复拉压、大变形反复拉压和疲劳性能，应根据接头的性能等级和应用场合选择相应的检验项目。

④ 接头应根据极限抗拉强度、残余变形、最大力下总伸长率以及高应力和大变形条件下反复拉压性能，分为Ⅰ级、Ⅱ级、Ⅲ级三个等级，其性能应分别符合第（5）条～第（7）条的规定。

⑤ Ⅰ级、Ⅱ级、Ⅲ级接头的极限抗拉强度必须符合表 2-1 的规定。

表 2-1　接头极限抗拉强度

接头等级	Ⅰ级		Ⅱ级	Ⅲ级
极限抗拉强度	$f_{mst}^{o} \geqslant f_{stk}$　钢筋拉断		$f_{mst}^{o} \geqslant f_{stk}$	$f_{mst}^{o} \geqslant f_{yk}$
	或 $f_{mst}^{o} \geqslant 1.10 f_{stk}$　连接件破坏			

注：1. 钢筋拉断指断于钢筋母材、套筒外钢筋丝头和钢筋镦粗过渡段。

2. 连接件破坏指断于套筒、套筒纵向开裂或钢筋从套筒中拔出以及其他连接组件破坏。

3. f_{mst}^{o} 为接头试件实测极限抗拉强度，f_{stk} 为钢筋极限抗拉强度标准值。

⑥ Ⅰ级、Ⅱ级、Ⅲ级接头应能经受规定的高应力和大变形反复

拉压循环，且在经历拉压循环后，其极限抗拉强度仍应符合第⑤条的规定。

⑦Ⅰ级、Ⅱ级、Ⅲ级接头变形性能应符合表 2-2 的规定。

表 2-2 接头变形性能

接头等级		Ⅰ级	Ⅱ级	Ⅲ级
单向拉伸	残余变形/mm	$u_0 \leqslant 0.10(d \leqslant 32)$ $u_0 \leqslant 0.14(d > 32)$	$u_0 \leqslant 0.14(d \leqslant 32)$ $u_0 \leqslant 0.16(d > 32)$	$u_0 \leqslant 0.14(d \leqslant 32)$ $u_0 \leqslant 0.16(d > 32)$
	最大力下总伸长率/%	$A_{sgt} \geqslant 6.0$	$A_{sgt} \geqslant 6.0$	$A_{sgt} \geqslant 3.0$
高应力反复拉压	残余变形/mm	$u_{20} \leqslant 0.3$	$u_{20} \leqslant 0.3$	$u_{20} \leqslant 0.3$
大变形反复拉压	残余变形/mm	$u_4 \leqslant 0.3$ 且 $u_8 \leqslant 0.6$	$u_4 \leqslant 0.3$ 且 $u_8 \leqslant 0.6$	$u_4 \leqslant 0.6$

注：u_0——接头试件加载至 $0.6f_{yk}$ 并卸载后在规定标距内的残余变形；

A_{sgt}——接头试件的最大力下总伸长率；

u_{20}——接头试件按《钢筋机械连接通用技术规程》（JGJ 107—2016）附录 A 加载制度经高应力反复拉压 20 次后的残余变形；

u_4——接头试件按《钢筋机械连接通用技术规程》（JGJ 107—2016）附录 A 加载制度经大变形反复拉压 4 次后的残余变形；

u_8——接头试件按《钢筋机械连接通用技术规程》（JGJ 107—2016）附录 A 加载制度经大变形反复拉压 8 次后的残余变形。

⑧ 对直接承受重复荷载的结构构件，设计应当根据钢筋应力幅提出接头的抗疲劳性能要求。当设计无专门要求时，剥肋滚轧直螺纹钢筋接头、镦粗直螺纹钢筋接头和带肋钢筋套筒挤压接头的疲劳应力幅限值不应小于现行国家标准《混凝土结构设计规范》（2015年版）（GB 50010—2010）中普通钢筋疲劳应力幅限值的 80%。

⑨ 钢筋套筒灌浆连接应符合现行行业标准《钢筋套筒灌浆连接应用技术规程》（JGJ 355—2015）的有关规定。

（2）接头型式检验

① 下列情况应进行型式检验：

a. 确定接头性能等级时；

b. 套筒材料、规格、接头加工工艺改动时；

c. 型式检验报告超过 4 年时。

② 接头型式检验试件应符合的规定

a. 对每种类型、级别、规格、材料、工艺的钢筋机械连接接头，型式检验试件不应少于 12 个；其中钢筋母材拉伸强度试件不应少于 3 个，单向拉伸试件不应少于 3 个，高应力反复拉压试件不应少于 3 个，大变形反复拉压试件不应少于 3 个。

b. 全部试件的钢筋均应在同一根钢筋上截取。

c. 接头试件应按《钢筋机械连接技术规程》（JGJ 107—2016）第 6.3 节的要求进行安装。

d. 型式检验试件不得采用经过预拉的试件。

③ 接头的型式检验应按《钢筋机械连接技术规程》（JGJ 107—2016）附录 A 的规定进行，当试验结果符合下列规定时应评为合格：

a. 强度检验：每个接头试件的强度实测值均应符合《钢筋机械连接技术规程》（JGJ 107—2016）表 3.0.5 中相应接头等级的强度要求；

b. 变形检验：3 个试件残余变形和最大力下总伸长率实测值的平均值应符合《钢筋机械连接技术规程》（JGJ 107—2016）表 3.0.7 的规定。

④ 型式检验应详细记录连接件和接头参数，宜按 JGJ 107—2016 附录 B 的格式出具检验报告和评定结论。

⑤ 接头用于直接承受重复荷载的构件时，接头的型式检验应按表 2-3 的要求和 JGJ 107—2016 附录 A 的规定进行疲劳性能检验。

表 2-3　HRB400 钢筋接头疲劳性能检验的应力幅和最大应力

应力组别	最小与最大应力比值 ρ	应力幅值/MPa	最大应力/MPa
第一组	0.70～0.75	60	230
第二组	0.45～0.50	100	190
第三组	0.25～0.30	120	165

⑥ 接头的疲劳性能型式检验应符合下列规定。

a. 应取直径不小于 32mm 钢筋做 6 根接头试件,分为 2 组,每组 3 根。

b. 可任选表 2-3 中的 2 组应力进行试验。

c. 经 200 万次加载后,全部试件均未破坏,该批疲劳试件型式检验应评为合格。

2.4.3　钢筋焊接接头试验方法

(1) 钢筋焊接接头拉伸试验方法

① 试样。各种钢筋焊接接头的拉伸试样的尺寸可按表 2-4 的规定取用。

表 2-4　拉伸试样的尺寸

焊接方法		接头形式	试样尺寸/mm	
			l_s	$L \geqslant$
电阻电焊			$\geqslant 12d$,且$\geqslant 180$	$l_s + 2l_j$
闪光对焊			$8d$	$l_s + 2l_j$
电弧焊	双面帮条焊		$8d + l_h$	$l_s + 2l_j$

焊接方法		接头形式	试样尺寸/mm	
			l_s	$L \geqslant$
电弧焊	单面帮条焊		$5d+l_h$	l_s+2l_j
	双面搭接焊		$8d+l_h$	l_s+2l_j
	单面搭接焊		$5d+l_h$	l_s+2l_j
	熔槽帮条焊		$8d+l_h$	l_s+2l_j
	坡口焊		$8d$	l_s+2l_j
	窄间隙焊		$8d$	l_s+2l_j

续表

焊接方法	接头形式	试样尺寸/mm	
		l_s	$L \geqslant$
电渣压力焊		$8d$	$l_s + 2l_j$
气压焊		$8d$	$l_s + 2l_j$
预埋件 电弧焊 埋弧压力焊 埋弧螺柱焊		—	200

注：1. 接头形式系根据现行行业标准《钢筋焊接及验收规程》（JGJ 18—2012）。

2. 预埋件锚板尺寸随钢筋直径变粗应适当增大。

② 试验方法

a. 钢筋焊接接头的母材应符合国家现行标准《钢筋混凝土用

钢 第 1 部分：热轧光圆钢筋》（GB 1499.1—2008/XG1-2012）、《钢筋混凝土用钢 第 2 部分：热轧带肋钢筋》（GB 1499.2—2007/XG1-2009）、《钢筋混凝土用钢 第 3 部分：钢筋焊接网》（GB/T 1499.3—2010）、《钢筋混凝土用余热处理钢筋》（GB 13014—2013）、《冷轧带肋钢筋》（GB 13788—2008）或《冷拔低碳钢丝应用技术规程》（JGJ 19—2010）的规定，并应按钢筋（丝）公称横截面积计算。试验前可采用游标卡尺复核试样的钢筋直径和钢板厚度。有争议时，应按现行国家标准《混凝土结构工程施工质量验收规范》（GB 50204—2015）规定执行。

b. 对试样进行轴向拉伸试验时，加载应连续平稳，试验速率应符合现行国家标准《金属材料拉伸试验第 1 部分：室温试验方法》（GB/T 228.1—2010）中的有关规定，将试样拉至断裂（或出现颈缩），自动采集最大力或从测力盘上读取最大力，也可从拉伸曲线图上确定试验过程中的最大力。

c. 当试样断口上出现气孔、夹渣、未焊透等焊接缺陷时，应在试样记录中注明。

d. 抗拉强度应按下式计算：

$$R_m = \frac{F_m}{S_o}$$

式中，R_m 为抗拉强度，MPa；F_m 为最大力，N；S_o 为原始试样的钢筋公称横截面积，mm^2。

试验结果数值应修约到 5MPa，并应按《数值修约规则与极限数值的表示和判定》（GB/T 8170—2008）执行。

（2）钢筋焊接接头拉伸试验方法

① 试样

a. 钢筋焊接接头弯曲试样的长度宜为两支辊内侧距离加 150mm；两支辊内侧距离 Z 应按下式确定，两支辊内侧距离 l 在试验期间应保持不变（图 2-32）。

$$l = (D + 3a) \pm a/2$$

式中，l 为两支辊内侧距离，mm；D 为弯曲压头直径，mm；

a 为弯曲试样直径，mm。

(a) 原理装置图一　　　　　　　(b) 原理装置图二

图 2-32　支辊式弯曲试验

b. 试样受压面的金属毛刺和镦粗变形部分宜去除至与母材外表面齐平。

② 试验方法

a. 钢筋焊接接头进行弯曲试验时，试样应放在两支点上，并应使焊缝中心与弯曲压头中心线一致，应缓慢地对试样施加荷载，以使材料能够自由地进行塑性变形；当出现争议时，试验速率应为 (1 ± 0.2)mm/s，直至达到规定的弯曲角度或出现裂纹、破断为止。

b. 弯曲压头直径和弯曲角度应按表 2-5 的规定确定。

表 2-5　弯曲压头直径和弯曲角度

钢筋牌号	弯曲压头直径 D		弯曲角度
	$a\leqslant25$mm	$a>25$mm	$\alpha/(°)$
HPB300	$2a$	$3a$	90
HRB335　HRBF335	$4a$	$5a$	90
HRB400　HRBF400	$5a$	$6a$	90
HRB500　HRBF500	$7a$	$8a$	90

注：a 为弯曲试样直径。

（3）钢筋电阻点焊接头剪切试验方法

① 试样。钢筋焊接网应沿同一横向钢筋随机截取 3 个试样（图 2-33）。钢筋焊接网两个方向均为单根钢筋时，较粗钢筋为受

(a) 截面图　(b) 平面图

图 2-33　钢筋剪切试样

拉钢筋；对于并筋，其中之一为受拉钢筋，另一支非受拉钢筋应在交叉焊点处切断，但不应损伤受拉钢筋焊点，并应按现行国家标准《钢筋混凝土用钢　第 3 部分：钢筋焊接网》（GB/T 1499.3—2010）的有关规定执行。焊接骨架焊点剪切试验时，应以较粗钢筋作为受拉钢筋；同直径钢筋焊点，其纵向钢筋为受拉钢筋。

② 试验方法

a. 夹具应安装于万能试验机的上钳口内，并应夹紧。试样横筋应夹紧于夹具的下部或横槽内、不应转动。纵筋应通过纵槽夹紧于万能试验机下钳口内，纵筋受力的作用线应与试验机的加载轴线相重合。

b. 加载应连续而平稳，直至试样破坏。在测力度盘上读取最大力即为试样的抗剪力 F_j。

2.5　设计规范对钢筋连接的基本规定

2.5.1　基本原则

鉴于钢筋接头传力性能在混凝土结构中的重要作用，《混凝土结构设计规范》（2015 年版）（GB 50010—2010）在第 8 章"构造规定"中专门单独列出第 8.4 部分"钢筋的连接"做出相应的规定。并且在该节开头的第 8.4.1 条及后面相应的条款中，提出了钢筋连接的基本原则，其中主要的内容如下。

（1）接头位置。由于钢筋接头的传力性能在任何情况下均不如整体钢筋，所以《混凝土结构设计规范》（2015 年版）明确规定："混凝土结构中受力钢筋的连接接头宜设置在受力较小处"。一般情况下，最适当的位置是在反弯点附近。由于作为构件中主要内力的弯矩，在反弯点处弯矩为零。而在靠近反弯点的区域，弯矩数值较小。

我国传统习惯往往在柱脚和梁端处布置钢筋的连接接头。因为在地震时这里正是梁、柱弯矩最大的区域,所以这是很不妥当的做法。震害调查已经一再表明,柱端和梁端箍筋加密区也正是地震时最易遭受破坏的地方。如果考虑施工的方便,将钢筋接头移到柱端和梁端箍筋加密区以外的地方实现连接,也并不是太困难的做法。对此,提醒设计、施工人员应当特别注意:最好不要在柱端和梁端箍筋加密区处设置钢筋的连接接头,包括机械连接接头。

(2)接头数量。因为钢筋连接接头是对传力性能的削弱,所以不希望在同一根受力钢筋上有过多的连接接头。规范规定:"在同一根受力钢筋上宜少设接头"。

通常情况下,在梁的同一跨度和柱的同一层高的纵向范围内,不宜设置2个以上的钢筋连接接头,避免对构件的结构性能造成不利的影响。

(3)接头面积百分率。同样,因为钢筋连接接头对传力性能的不利影响,所以在构件横向范围的同一连接区段内,也应当对钢筋连接接头的面积百分率加以控制。《混凝土结构设计规范》(2015年版)规定了不同连接形式连接区段的范围,以及处于同一连接区段范围内,钢筋连接接头面积百分率的限制。

通常情况下,焊接和机械连接接头面积百分率限制均为50%,即全部钢筋应当分两批实现连接。而对于绑扎搭接连接,则有更详细的规定。在工程中,只有对于装配式结构预制构件的连接节点,因为只能采用全部钢筋连接的形式(接头面积百分率100%),则在采取更为严格构造措施的情况下,可作为个案,例外处理。

(4)回避原则。设计时特别应当注意的是:受力钢筋的连接接头要避免设置在受力的关键部位。《混凝土结构设计规范》(2015年版)特别强调:"在结构的重要构件和关键传力部位,纵向受力钢筋不宜设置连接接头"。这是因为如果钢筋在受力的要害处传力出现问题,将会引起严重后果。尤其是抗震框架结构的柱端和梁端,这是在地震作用下最可能出现塑性铰的要害区域,设置钢筋的连接接头将改变该处的"抗力",大大不利于结构的抗震性能。

还应当指出的是："抗力"不只是"强度"，还包括"延性"；接头的强度太高，并不完全有利。如果在梁端的连接接头"超强"（例如镦粗直螺纹接头），且不说对延性的影响，还很可能引起塑性铰的转移，从而影响抗震结构"强柱弱梁"和"强剪弱弯"的延性设计原则。如果塑性铰转移到柱端，还有可能会引起更严重的后果——结构倒塌。为此在结构的抗震设计中，还以强制性条文的形式对抗震钢筋的"超强比"做出严格的限制。对于钢筋的连接接头，也有同样的要求。因此，片面追求连接接头的"高强"或者"超高强"，不仅无益，甚至还是有害的。

2.5.2 设计规范对各种连接接头的规定

《混凝土结构设计规范》（2015年版）对钢筋的连接列举了三种目前经常应用的形式：绑扎搭接、机械连接或焊接。应该指出的是，上述排列的次序并不意味着连接形式的优劣。该设计规范无意比较这三种连接形式传力性能的好坏，只是认为不同的钢筋连接形式各具特点，应当扬长避短地应用于其应当发挥作用的地方而已。当然，每种连接形式都应当具有其相应的质量，以确保结构的安全。

（1）绑扎搭接。绑扎搭接连接的钢筋，是通过搭接区段范围内混凝土的握裹和相应区域配箍的约束，来实现钢筋之间内力传递的。这是最简单的传统连接方式，至今仍在工程中得到广泛的应用。且因操作简单，检验可靠，连接一传力性能也容易得到保证。

但是这种连接形式也有一定的局限性。完全依靠钢筋拉力承载的受拉杆件，如果采用绑扎搭接连接并不可靠。所以《混凝土结构设计规范》（2015年版）规定："轴心受拉及小偏心受拉杆件的纵向受力钢筋不得采用绑扎搭接"。

此外，近年随着钢筋强度提高及大直径粗钢筋应用越来越多，造成搭接长度太长和绑扎施工困难，这些都成为难以解决的问题。所以，《混凝土结构设计规范》（2015年版）对绑扎搭接连接钢筋的直径做出了如下的限制：受拉钢筋直径不大于25mm；受压钢筋直径不大于28mm。这就比传统的规定稍有加严。但是对于中、小直径的钢筋，尤其是直径 16mm 及以下的细钢筋，绑扎搭接连接仍是不错的选择。

为了确保钢筋绑扎搭接连接的传力性能，《混凝土结构设计规范》（2015 年版）对绑扎搭接的连接区段范围、接头面积百分率、搭接长度、配箍约束的构造措施和并筋（钢筋束）搭接的构造要求等均做出了详细的规定。这些得自系统试验研究并经过长期工程实践考验的规定，能够确保搭接钢筋应有的传力性能。还应当特别注意的是：搭接连接区段箍筋的直径和间距，均需严格遵守规范的要求。如果配箍约束不足，在地震作用下，很可能会导致搭接钢筋的分离而造成传力失效，引起严重后果。

由于钢筋搭接连接的相应内容已经广为熟悉，因此不再赘述于此。

（2）机械连接。机械连接是近年发展起来的新型钢筋连接形式，其又有许多不同的形式而各具特点。总的趋势而言，滚轧直螺纹连接应用比较多。其特点是施工相对简便，通常情况下钢筋机械连接的质量也能够得到保证。但是其价格相对比较高，如果操作、检验不严格，同样也会存在传力失效的问题。

《混凝土结构设计规范》（2015 年版）对机械连接的要求，是必须符合《钢筋机械连接通用技术规程》（JGJ 107—2016）的规定，即该规程应当对钢筋机械连接的质量负完全的责任。同时《混凝土结构设计规范》（2015 年版）对机械连接的连接区段（35d）和接头面积百分率（50%）也做出了明确规定。《混凝土结构设计规范》（2015 年版）认为，钢筋的机械连接适用于高强度钢筋和中、粗直径钢筋的连接。直径太小的钢筋，采用机械连接施工麻烦，并且不经济。通常情况下，直径 16mm 及以下的小直径钢筋不宜采用机械连接的方式。

（3）焊接连接。焊接连接通过熔融金属直接传递内力，具有基本接近整体钢筋的传力性能，焊接接头的价格也不高，所以也是不错的连接形式。但是其质量受到操作条件和人员素质的影响而不确定性很大，质量稳定性存疑。而且焊接质量抽样检验的比例较小，检查方式也不太严密。再加上对金相组织和温度应力的影响，使其推广应用受到影响。近年焊接连接的材料和工艺不断地改进，非手工焊的半自动、全自动的焊接方式得到推广应用。这对于提高焊接质量，确保焊接接头的传力性能，无疑起到了促进的作用。

《混凝土结构设计规范》（2015年版）对焊接连接的要求是必须符合《钢筋焊接及验收规范》（JGJ 18—2012）的规定，即该规程应对焊接连接的质量负完全的责任。同时，《混凝土结构设计规范》（2015年版）对焊接的连接区段（35d且500mm）和接头面积百分率（50%）也做出了明确规定。由于不同品牌钢筋的可焊性不同，《混凝土结构设计规范》（2015年版）对于这些钢筋焊接连接的适用条件，也做出了相应的规定。

对于可焊性较好的合金化普通热轧HRB钢筋，可采用焊接连接，但对于直径25mm以上的粗钢筋，由于焊接操作比较困难，应经试验确定。

对于可焊性稍差的控轧细晶粒HRBF钢筋，可采取焊接连接的形式。但应当进行试验检验，并通过试验优化、调整、确定适当的焊接工艺参数，以确保应有的质量。

对于可焊性比较差的淬水余热处理RRB钢筋，由于焊接的高温可能影响其表层的马氏体组织，导致金相结构的变化和强度降低。因此，对这种钢筋建议不采用焊接的连接方式。

2.5.3 钢筋连接形式的发展

钢筋的连接方式是影响工程结构质量、进度、投资、操作方便程度等的重要因素之一。而随着工程需要的变化及技术的发展进步，今后还可能会有新的钢筋连接形式出现，只要其传力性能可靠、质量稳定、施工适应性好并且价格适当。在经过工程实践考验而技术比较成熟时，不排除将新的钢筋连接形式纳入《混凝土结构设计规范》的可能性。

但对于任何形式的钢筋连接接头，其传力性能总不如整体钢筋，因此《混凝土结构设计规范》（2015年版）仍将坚持第8.4.1条及相关条款中提出的钢筋连接的4条基本原则，对其提出相应的限制和要求。

3 钢筋连接机具

3.1 钢筋绑扎工具

3.1.1 钢丝钩

　　钢丝钩是主要的钢筋绑扎工具之一，它是用直径为 12～16mm、长度为 160～200mm 的圆钢筋制作而成。根据工程的需要，可在其尾部加上套管或小扳口等形式的钩子。钢丝钩的基本形状如图 3-1 所示。

3.1.2 小撬棍

　　小撬棍主要用来调整钢筋间距，矫直钢筋的部分弯曲或用于放置保护层水泥垫块时撬动钢筋等，其形状如图 3-2 所示。

3.1.3 起拱扳子

　　起拱扳子是在绑扎现浇楼板时，用来弯制楼板弯起钢筋的工具。楼板的弯起钢筋不应预先弯曲成形好再绑扎，而应待弯起钢筋和分布钢筋绑扎成网后，用起拱扳子来操作，如图 3-3 所示。

(a) 钢丝钩的基本形状　　(b) 尾部加套管形式的钢丝钩　(c) 尾部加小扳口形式钢丝钩

(d) 钢丝钩的基本尺寸

图 3-1　钢丝钩（单位：mm）

图 3-2　小撬棍

图 3-3　起拱扳子及操作

1—起拱扳子 $\phi16$mm；2—楼板弯起钢筋

3.1.4　绑扎架

绑扎钢筋骨架必须采用钢筋绑扎架。根据绑扎骨架的轻重、形

图 3-4　轻型骨架绑扎架

状，可以选用不同规格的坡式、轻型、重型等的钢筋骨架。图 3-4 为轻型骨架绑扎架，图 3-5 为重型骨架绑扎架，图 3-6 为坡式钢筋绑扎架。

图 3-5　重型骨架绑扎架

1—横杠；2—绑扎钢筋；

3—连系杆；4—三脚架

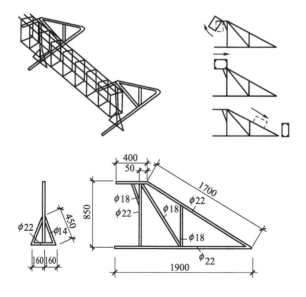

图 3-6　坡式钢筋绑扎架（单位：mm）

3.2 钢筋机械连接机具

3.2.1 带肋钢筋套筒轴向挤压连接机具

3.2.1.1 概述

钢筋轴向挤压连接是采用挤压机和压模，对钢套筒和插入的两根对接钢筋，沿其轴线方向进行挤压，从而使套筒咬合到变形钢筋的肋间，结合成一体，如图3-7所示。钢筋轴向挤压连接适用于同直径或相差一个型号直径的钢筋连接，例如 $\phi 25\mathrm{mm}$ 与 $\phi 28\mathrm{mm}$、$\phi 28\mathrm{mm}$ 与 $\phi 32\mathrm{mm}$。

图 3-7 钢筋轴向挤压连接

1—压模；2—钢套筒；3—钢筋

3.2.1.2 钢套筒

钢套筒的材质应当采用符合现行标准《高压锅炉用无缝钢管》（GB 5310—2008）中的优质碳素结构钢，钢套筒的力学性能应当符合表3-1的要求。

表 3-1 钢套筒的力学性能

项 目	力学性能指标
屈服强度/MPa	≥250
抗拉强度/MPa	≥420～560
伸长率/%	≥24
硬度(HRB)	≤HRB 75

钢套筒的规格尺寸和要求见表3-2。

表 3-2   钢套筒的规格尺寸   单位：mm

套筒尺寸		$\phi25$		$\phi28$		$\phi32$	
外径		45	+0.1 / 0	49	+0.1 / 0	55.5	+0.1 / 0
内径		33	0 / −0.1	35	0 / −0.1	39	0 / −0.1
长度	钢筋端面紧贴连接时	190	+0.3 / 0	200	+0.3 / 0	210	+0.3 / 0
	钢筋端面间隙≤30mm 连接时	200	+0.3 / 0	230	+0.3 / 0	240	+0.3 / 0

3.2.1.3   挤压机

挤压机可用于全套筒钢筋接头的压接和少量半套筒接头的压接，图 3-8 为 GTZ 32 型挤压机简图。挤压机的主要技术参数见表 3-3。

图 3-8   GTZ 32 型挤压机简图

1—油缸；2—压模座；3—压模；4—导向杆；
5—撑力架；6—管拉头；7—垫块座；8—套筒

表 3-3   挤压机的主要技术参数

钢筋公称直径 /mm	套管直径/mm		压模直径/mm	
	内径	外径	同径钢筋及异径钢筋粗径用	异径钢筋接头细径用
25	33	45	38.4±0.02	40±0.02
28	35	49.1	42.3±0.02	45±0.02
32	39	55.5	48.3±0.02	—

3.2.1.4 半挤压机

半挤压机适用于半套筒钢筋接头的压接，图 3-9 为 GTZ 32 型半挤压机简图。半挤压机的主要技术参数见表 3-4。压模可以分为半挤压机用压模和挤压机用压模，在使用时应按钢筋的规格选用。

图 3-9 GTZ 32 型半挤压机简图

1—油缸；2—压模座；3—压模；4—导向杆；

5—限位器；6—撑力架；7, 8—管接头；9—套管

表 3-4 半挤压机的主要技术参数

项 目	技术性能	
	挤压机	半挤压机
额定工作压力/MPa	70	70
额定工作推力/kN	400	470
液压缸最大行程/mm	104	110
外形尺寸(长×宽×高)/mm	755×158×215	180×180×780
质量/kg	65	70

3.2.1.5 超高压泵站

超高压泵站是钢筋挤压连接设备的动力源。

工程中常用的钢筋挤压连接设备的超高压泵站一般采用高、低压双联泵结构，如图 3-10 所示，它由电动机、超高压柱塞泵、低压齿轮泵、组合阀、换向阀、压力表、油箱、滤油器，以及连接管件等组成。组合阀是由高、低压单向阀、卸荷阀、高压安全阀及低压溢流阀等组成的组合阀块。

图 3-10　超高压泵站

1—电动机；2—压力表；3—注油通气帽；4—组合阀；5—高压柱塞泵；
6—换向阀；7—低压齿轮泵；8—油标；9—管路；10—油箱

　　超高压泵站为双泵双油路电控液压泵站。当三位四通换向阀左边接通时，油缸大腔进油，当压力达到 65MPa 时，高压继电器断电，换向阀回到中位；当换向阀右边接通时，油缸小腔进油，当压力达到 35MPa 时，低压继电器断电，换向阀又回到中位。超高压泵站的技术性能见表 3-5。

表 3-5　超高压泵站的技术性能

项　　目		技术性能	
		超高压油泵	低压泵
额定工作压力/MPa		70	7
额定流量/(L/min)		2.5	7
继电器调定压力/(N/min)		72	36
电动机(J100L$_2$-4-B$_5$)	电压/V	380	—
	功率/kW	3	—
	频率/Hz	50	—

3.2.2 带肋钢筋套筒径向挤压连接机具

3.2.2.1 概述

带肋钢筋套筒径向挤压连接主要是采用挤压机将钢套筒挤压变形，使之紧密地咬住变形钢筋的横肋，从而实现两根钢筋的连接，如图 3-11 所示。带肋钢筋套筒径向挤压连接适用于任何直径变形钢筋的连接，包括同径钢筋和异径钢筋（当套筒两端外径和壁厚相同时，被连接钢筋的直径相差应不大于 5mm），适用于 $\phi16 \sim 40$mm 的 HPB300、HRB400 带肋钢筋的径向挤压连接。

图 3-11 套筒挤压连接

1—已挤压的钢筋；2—钢套筒；3—未挤压的钢筋

3.2.2.2 钢套筒

（1）型号。常用型号包括标准型、异径型两种，如图 3-12 所示。

(a) 挤压标准型套筒　　　　　　(b) 挤压异径型套筒

图 3-12 挤压套筒示意

（2）材料。钢套筒的材料可以选用强度适中、延性好的优质钢材，其力学性能宜符合表 3-6 的要求。

（3）设计屈服承载力与极限承载力。考虑到套筒的尺寸及强度偏差，套筒的设计屈服承载力与极限承载力应当比钢筋的标准屈服承载力与极限承载力大 10％。

表 3-6 套筒材料的力学性能

项 目	力学性能指标
屈服强度/MPa	225～350
抗拉强度/MPa	375～500
伸长率/%	≥20
硬度（HRB）	HRB60～HRB80

（4）规格和尺寸。钢套筒的规格和尺寸应符合表 3-7 的规定，其允许偏差应符合表 3-8 的规定。

表 3-7 钢套筒的规格和尺寸

钢套筒型号	钢套筒尺寸/mm			压接标志道数	单个钢套筒理论质量/kg
	外径	壁厚	长度		
G40	70	12	260	8×2	4.46
G36	63.5	11	230	7×2	3.28
G32	57	10	210	6×2	2.43
G28	50	8	200	5×2	1.66
G25	45	7.5	180	4×2	1.25
G22	40	6.5	150	3×2	0.81
G20	36	6	140	3×2	0.62

表 3-8 钢套筒的允许偏差

钢套筒外径 D/mm	外径允许偏差/mm	壁厚 t 允许偏差/mm	长度允许偏差/mm
≤50	±0.5	$0.12t$ / $-0.10t$	±2
>50	±0.01D	$0.12t$ / $-0.10t$	±2

注：D 为钢套筒外径；t 为钢套筒壁厚。

3.2.2.3 连接设备

钢筋径向挤压连接设备主要由挤压机、超高压泵站、平衡器与吊挂小车等组成，如图 3-13 所示。

图 3-13　钢筋径向挤压连接设备

1—超高压泵站；2—吊挂小车；3—挤压机；4—平衡器；
5—超高压软管；6—钢套筒；7—模具；8—钢筋

3.2.2.4　挤压机

采用径向挤压连接工艺使用的挤压机主要有以下几种。

（1）YJ-32 型挤压机。图 3-14 为 YJ-32 型挤压机构造简图，该机可用于直径 25～32mm 变形钢筋的挤压连接。由于 YJ-32 型挤压机采用双作用油路和双作用油缸体，所以压接和回程速度较快。但由于机架宽度较小，所以只可用于挤压间距较小（但净距必须大于 60mm）的钢筋，其主要技术参数见表 3-9。

表 3-9　YJ-32 型挤压机的主要技术参数

项　　目	指　　标
额定工作油压力/MPa	108
额定压力/kN	650
工作行程/mm	50
挤压一次循环时间/s	≤10
外形尺寸/mm	$\phi130×160$(机架宽)×426
自重/kg	约 28

图 3-14　YJ-32 型挤压机构造简图

1—手把；2—进油口；3—缸体；4—回油口；5—吊环；

6—活塞；7—机架；8，9—压模；10—卡板；11—链条

　　YJ-32 型挤压机的动力源（超高压泵站）为二极定量轴向柱塞泵，输出油压为 31.38～122.8MPa，连续可调。YJ-32 型挤压机设有中、高压二级自动转换装置，在中压范围内，输出流量可达 2.86dm³/min，使挤压机在中压范围内进入返程有较快的速度。当进入高压或超高压范围内，中压泵自动卸荷，用超高压的压力来保证足够的压接力。

　　（2）YJ650 型挤压机。图 3-15 为 YJ650 型挤压机构造简图，该机主要用于直径 32mm 以下变形钢筋的挤压连接，其主要技术性能见表 3-10。该机液压源可选用 ZB0.6/630 型油泵，额定油压为 63MPa。

(a) 反面图

(b) 正面图

图 3-15　YJ650 型挤压机构造简图（单位：mm）

1—手把；2—液压缸；3—动压模；4—定压模

（3）YJ800 型挤压机。YJ800 型挤压机主要用于直径 32mm 以上变形钢筋的挤压连接，其主要技术参数见表 3-11。该机液压源可选用 ZB4/500 高压油泵，额定油压为 50MPa。

表 3-10　YJ650 型挤压机主要技术参数

项　目	指　标
额定压力/kN	650
外形尺寸/mm	$\phi144\times450$
自重/kg	约 43

表 3-11　YJ800 型挤压机主要技术参数

项　目	指　标
额定压力/kN	800
外形尺寸/mm	$\phi170\times468$
自重/kg	约 55

（4）YJH-25、YJH-32 和 YJH-40 径向挤压设备，其主要技术参数见表 3-12。平衡器是一种辅助工具，它主要利用卷簧张紧力的变化进行平衡力调节。利用平衡器吊挂挤压机，当平衡质量调节到与挤压机质量一致或稍大时，使挤压机在任何位置均达到平衡，即操作人员手持挤压机处于无重状态。在被挤压的钢筋接头附近的空间进行挤压施工作业，能够大大减轻作业工人的劳动强度，从而提高挤压效率。

吊挂小车是在车底盘下部设置四个轮子，并将超高压泵放在车上，将挤压机和平衡器吊于挂钩下，靠吊挂小车移动进行操作。

表 3-12　钢筋径向挤压连接设备主要技术参数

设备组成	项　目	YJH-25	YJH-32	YJH-40
压接钳	额定压力/MPa	80	80	80
	额定挤压力/kN	760	760	900
	外形尺寸/mm	$\phi150\times433$	$\phi150\times480$	$\phi170\times530$
	质量/kg	23(不带压模)	27(不带压模)	34(不带压模)

设备组成	项　目	YJH-25	YJH-32	YJH-40
压模	可配压模型号	M18、M20、M22、M25	M20、M22、M25、M28	M32、M36、M40
	可连接钢筋的直径/mm	18、20、22、25	20、22、25、28	32、36、40
	质量/(kg/副)	5.6	6	7
超高压泵站	电动机	输入电压：380V；功率：1.5kW		
	高压泵	额定压力：80MPa；高压流量：0.8L/min		
	低压泵	额定压力：2.0MPa；低压流量：4.0～6.0L/min		
	外形尺寸/mm	790×540×785(长×宽×高)		
	质量/kg	96		
	油箱容积/L	20		
超高压软管	额定压力/MPa	100		
	内径/mm	6.0		
	长度/m	3.0		

3.2.3　钢筋冷镦粗直螺纹套筒连接机具

3.2.3.1　概述

镦粗直螺纹钢筋接头是通过钢筋冷镦粗直螺纹套筒连接机具，首先将钢筋连接端头冷镦粗，然后在镦粗端加工成直螺纹丝头，最后将两根已镦粗套丝的钢筋连接端穿入配套加工的连接套筒，旋紧后即成为一个完整的接头。该接头的钢筋端部经冷镦后不仅直径增大，使加工后的丝头螺纹底部最小直径不小于钢筋母材的直径；而且钢材冷镦后，还可以提高接头部位的强度。所以，该接头可与钢筋母材等强度，其性能可达到 SA 级要求。

钢筋冷镦粗直螺纹套筒连接适用于钢筋混凝土结构中 $\phi16\sim40mm$ 的 HRB335、HRB400 钢筋的连接。

由于镦粗直螺纹钢筋接头的性能指标可以达到 SA 级（等强级）标准，所以该接头适用于一切抗震和非抗震设施工程中的任何部位。必要时，在同一连接范围内钢筋接头数目，可以不受限制。例如，钢筋笼的钢筋对接；伸缩缝或新老结构连接部位钢筋的对接，以及滑模施工的筒体或墙体同以后施工的水平结构（如梁）的钢筋连接等。

3.2.3.2 套筒与锁母材料要求

套筒与锁母材料应当采用优质碳素结构钢或合金结构钢，其材质应符合《优质碳素结构钢》（GB/T 699—2015）的规定。

3.2.3.3 机具设备

机具设备包括切割机、液压冷锻压床、套丝机、普通扳手及量规。图 3-16 为 GSJ-40 套丝机示意。

(a) 套丝机构造　　　　　　(b) 节点 *A* 放大图

图 3-16　GSJ-40 套丝机示意

1—电动机及电气控制装置；2—减速机；3—拖板及导轨；4—切削头；

5—调节蜗杆；6—夹紧虎钳；7—冷却系统；8—刀具；9—限位顶杆；

10—对刀芯棒；11—机架；12—金属滤网；

13—水箱；14—拨叉手柄；15—手轮

3.2.3.4 镦粗直螺纹机具设备

镦粗直螺纹机具设备见表 3-13。表 3-13 中的设备机具应配套使用，每套设备平均 40s 生产一个丝头，每台班可生产 400～600 个丝头。

3.2.3.5 环规

环规是丝头螺纹质量检验工具。每种丝头直螺纹的检验工具分为止端螺纹环规和通端螺纹环规两种。图 3-17 为丝头质量检验示意。

表 3-13　镦粗直螺纹机具设备

镦 机 头				套丝机		高压油泵	
型号	LD700	LD800	LD1800	型号	GSJ-40		
镦压力/kN	700	1000	2000	功率/kW	4.0	电动机功率/kW	3.0
行程/mm	40	50	65	转速/(r/min)	40	最高额定压力/kN	63
适用钢筋直径/mm	16～25	16～32	28～40	适用钢筋直径/mm	16～40	流量/(L/min)	6
质量/kg	200	385	550	质量/kg	400	质量/kg	60
外形尺寸(长×宽×高)/mm	575×250×250	690×400×370	803×425×425	外形尺寸(长×宽×高)/mm	1200×1050×550	外形尺寸(长×宽×高)/mm	645×525×325

(a) 通端螺纹环规检验丝头螺纹　　　(b) 止端螺纹环规检验丝头螺纹

图 3-17　丝头质量检验示意

P—螺距

3.2.3.6　塞规

塞规是套筒螺纹质量检验工具，分为止端螺纹塞规和通端螺纹塞规两种。图 3-18 为套筒质量检验示意。

图 3-18　套筒质量检验示意

1—止端螺纹塞规；2—通端螺纹塞规；3—连接套筒；P—螺距

3.2.3.7　接头的分类及用途

接头的分类及用途见表 3-14。

表 3-14　接头的分类及用途

类　别		介　绍
按接头使用要求分类	标准型	主要用于钢筋可自由转动的场合。利用钢筋端头相互对顶力锁定连接件，可以选用标准型或变径型连接套筒
	加长型	主要用于钢筋过于长而密集、不便转动的场合。连接套筒预先全部拧入一根钢筋的加长螺纹上，再反拧入被接钢筋的端螺纹，转动钢筋 1/2～1 圈即可锁定连接件，可以选用标准型连接套筒
	加锁母型	主要用于钢筋完全不能转动，如弯折钢筋以及桥梁灌注桩等钢筋笼的相互对接。将锁母和连接套筒预先拧入加长螺纹，再反拧入另一根钢筋端头螺纹，用锁母锁定连接套筒。可以选用标准型或扩口型连接套筒加锁母
	正反螺纹型	主要用于钢筋完全不能转动而要求调节钢筋内力的场合，如施工缝、后浇带等。连接套筒带正反螺纹，可以在一个旋合方向中松开或拧紧两根钢筋，应选用带正反螺纹的连接套筒
	扩口型	主要用于钢筋较难对中的场合，通过转动套筒连接钢筋
	变径型	主要用于连接不同直径的钢筋
按接头套筒分类	标准型套筒	带右旋等直径内螺纹，端部两个螺距带有锥度
	扩口型套筒	带右旋等直径内螺纹，一端带有 45°或 60°的扩口，以便于对中入扣
	变径型套筒	带右旋两端具有不同直径的内直螺纹，主要用于连接不同直径的钢筋
	正反扣型套筒	套筒两端各带左、右旋等直径内螺纹，主要用于钢筋不能转动的场合
	可调型套筒	套筒中部带有加长型调节螺纹，主要用于钢筋轴向位置不能移动且不能转动时的连接

3.2.4　钢筋锥螺纹套筒连接机具

3.2.4.1　概述

钢筋锥螺纹连接机主要由钢筋套丝机、量规、力矩扳手、砂轮锯与台式砂轮等组成，如图 3-19 所示。

图 3-19 钢筋锥螺纹连接机

1—冷却泵；2—夹紧机构；3—退刀机构；4—切削头；5—减速器；

6—操作手轮；7—机体；8—限位器；9—电器箱

3.2.4.2 钢筋锥螺纹套丝机

钢筋锥螺纹套丝机是加工钢筋锥螺纹丝头的专用机床。它由电动机、行星摆线齿轮减速机、切削头、虎钳、进退刀机构、润滑冷却系统、机架等组成。国内现有的钢筋锥螺纹套丝机，其切削头是利用定位环和弹簧共同推动梳刀座，使梳刀张合，进行切削加工航迹锥螺纹的，如图 3-20 所示。

图 3-20 切削头

1—梳刀；2—切削头体；3—弹簧；4—梳刀座；5—进刀环

钢筋锥螺纹套丝机可以用于加工 $\phi 16 \sim 40 \mathrm{mm}$ 的 HRB335、HRB400 钢筋连接端的锥形外螺纹。常用的有 SZ-50A、GZL-40B、GZS-50 等。钢筋锥螺纹套丝机的技术参数见表 3-15。

表 3-15　钢筋锥螺纹套丝机的技术参数

型号	钢筋直径加工范围/mm	切削头转速/(r/min)	主电动机功率/kW	排屑方法	整机质量/kg	外形尺寸（长×宽×高）/mm
SZ-50A	16～40	85	2.2	内冲洗	300	1000×500×1000
GZL-40B	16～40	49	3.0	内冲洗	385	1250×615×1120
GZS-50	18～50	76	3.0	内冲洗	270	780×470×803

3.2.4.3　量规

检查钢筋锥螺纹丝头质量的量规包括牙形规、卡规或环规、锥螺纹塞规。量规应当由钢筋连接技术单位提供。

（1）牙形规。主要用于检查钢筋连接端锥螺纹的加工质量，如图 3-21 所示。牙形规与钢筋锥螺纹牙形吻合的为合格牙形，如有间隙说明牙瘦或断牙、乱牙，则为不合格牙形。

图 3-21　用牙形规检查牙形

1—牙形规；2—钢筋锥螺纹

（2）卡规或环规。主要用于检查钢筋连接端锥螺纹小端直径，如图 3-22 所示。如钢筋锥螺纹小端直径在卡规或环规的允差范围时为合格丝头。否则，为不合格丝头。

(a) 卡规检查小端直径　　(b) 环规检查小端直径

图 3-22　卡规与环规检查小端直径

1—钢筋锥螺纹；2—卡规；3—缺口（允许误差）；4—环规

（3）锥螺纹塞规。主要用于检查连接套筒锥形内螺纹的加工质量，如图 3-23 所示。

图 3-23　用锥螺纹塞规检查套筒
1—锥螺纹套筒；2—塞规；3—缺口（允许误差）

3.2.4.4　力矩扳手

力矩扳手是保证钢筋连接质量的重要测力工具之一，其构造如图 3-24 所示，技术性能见表 3-16。力矩扳手操作时，首先按不同钢筋直径规定的力矩值调整扳手，然后将钢筋与连接套筒拧紧，当达到要求的力矩时，可发出声响信号。

图 3-24　力矩扳手构造示意
1—钳头；2—外壳；3—尾部孔；4—游动标尺；
5—手柄；6—保护帽；7—调整丝杠

表 3-16　力矩扳手技术性能

型号	钢筋直径/mm	额定力矩/(N·m)	外形尺寸/mm	质量/kg
HL-01-SF-2	$\phi16$	100	770（长度）	3.5
	$\phi18$	200		
	$\phi20$	200		
	$\phi22$	260		
	$\phi25$	260		
	$\phi28$	320		
	$\phi32$	320		

续表

型号	钢筋直径/mm	额定力矩/(N·m)	外形尺寸/mm	质量/kg
HL-01-SF-2	φ36	360	770（长度）	3.5
	φ40	360		

（1）力矩扳手使用方法。行力矩扳手的游动标尺通常设定在最低位置。在使用时，要根据所连钢筋直径，用调整扳手旋转调整丝杆，将游动标尺上的钢筋直径刻度值对正手柄外壳上的刻线，然后将钳头垂直咬住所连钢筋，用手握住力矩扳手手柄，顺时针均匀加力。当力矩扳手发出"咔哒"声响时，钢筋连接达到规定的力矩值。应当停止加力，否则会损坏力矩扳手。力矩扳手反时针旋转只起棘轮作用，施加不上力。力矩扳手无声音信号发出时，应当停止使用，进行修理；修理后的力矩扳手要进行标定方可使用。

（2）力矩扳手使用注意事项

① 防止水、泥、砂子等进入手柄内。

② 力矩扳手要端平，钳头应垂直钢筋均匀加力，不得过猛。

③ 力矩扳手发出"咔哒"响声时就不得继续加力，避免过载弄弯扳手。

④ 不准用力矩扳手当锤子、撬棍使用，避免弄坏力矩扳手。

⑤ 长期不适用力矩扳手时，应当将力矩扳手游动标尺刻度值调到 0 位，以免手柄里的压簧长期受压，影响力矩扳手精度。

3.2.4.5 砂轮锯与台式砂轮

砂轮锯主要用于切断挠曲的钢筋接头。台式砂轮主要用于修磨梳刀。

3.2.5 GK 型锥螺纹钢筋连接机具

3.2.5.1 概述

GK 型锥螺纹接头是在钢筋连接端加工前，首先对钢筋连接端部沿径向通过压模施加压力，使其产生塑性变形，形成一个圆锥体；然后按普通锥螺纹工艺，将顶压后的圆锥体加工成锥形外螺纹，最后穿入带锥形内螺纹的钢套筒，用力矩扳手拧紧，即可完成钢筋的连接。

预压变形后的钢筋端部材料由于冷硬化而使强度比钢筋母材提高 10%～20%，因而使锥螺纹的强度也相应得到提高，弥补了由于加工锥螺纹、减小钢筋截面而造成接头承载力下降的缺陷，从而提高了锥螺纹接头的强度。GK 型锥螺纹接头性能可满足I级要求。

3.2.5.2 钢筋径向预压机（GK40 型）

钢筋径向预压机（GK40 型）可以将 $\phi16$～40mm 的 HRB335、HRB400 钢筋端部预压成圆锥形。钢筋径向预压机（GK40 型）主要由以下三部分组成。

（1）GK40 型径向预压机（图 3-25）。其结构形式为直线运动双作用液压缸，该液压缸为单活塞无缓冲式，液压缸与撑力架及模具组合成液压工作装置。GK40 型径向预压缸液压缸的性能见表 3-17。

图 3-25　径向预压机（单位：mm）

1—预压机；2—小车；3—压模

表 3-17　GK40 型径向预压缸液压缸的性能

项　　目	指　　标
额定推力/kN	1780
最大推力/kN	1910
外伸速度/(m/min)	0.12
回程速度/(m/min)	0.47
工作时间/s	20～60
外形尺寸/mm	486×230(高×直径)
质量/kg	80
壁厚/mm	25
密封形式	"O"形橡胶密封圈
缸体连接	螺纹连接

（2）超高压液压泵站（图 3-26）。YTDB 型超高压泵站的结构

图 3-26　超高压泵站（单位：mm）

1—小车；2—泵站

形式是阀配流式径向定量柱塞泵与控制阀、管路、油箱、电动机、压力表组合成的液压动力装置。钢筋端部径向预压机动力源的主要技术参数，见表 3-18。

表 3-18 钢筋端部径向预压机动力源的主要技术参数

项　　目	指　　标
额定压力/MPa	70
最大压力/kN	75
电动机功率/kW	3
电动机转速/(r/min)	1410
额定流量/(L/min)	3
容积效率/%	≥70
输入电压/V	380
油箱容积/L	25
外形尺寸/mm	420×335×700(长×宽×高)
质量/kg	105

（3）径向预压模具（图 3-27）。径向预压模具主要用于实现对建筑结构用 $\phi16\sim40$mm 钢筋端部的径向预压。其材质为 CrWMn（锻件），淬火硬度为 55～60（HRC）。

(a) 图示一　　　　　　　(b) 图示二

图 3-27 径向预压模具

3.2.5.3　其他要求

锥螺纹套丝机、力矩扳手、量规、砂轮锯等机具与普通锥螺纹连接技术相同。

3.3　钢筋焊接机具

3.3.1　钢筋电弧焊接机具

3.3.1.1　焊接变压器（交流弧焊机）

焊接变压器也称为交流弧焊机，其基本原理与一般电力变压器相同，具有降压特性，并能够保证焊接过程中交流电弧的稳定燃烧。焊接变压器具有体积小、质量轻、使用方便等优点，可以焊接各种低碳钢、普通低合金钢钢筋。常用焊接变压器型号及性能见表3-19。

表3-19　常用焊接变压器型号及性能

项　　目		BX_3-120-1	BX_3-300-2	BX_3-500-2	BX_2-1000 (BC-1000)
额定焊接电流/A		120	300	500	1000
初级电压/V		220/380	380	380	220/380
次级空载电压/V		70～75	70～78	70～75	69～78
定额工作电压/V		25	32	40	42
额定初级电流/A		41/23.5	61.9	101.4	340/196
焊接电流调节范围/A		20～160	40～400	60～600	400/1200
额定持续率/%		60	60	60	60
额定输入功率/kW		9	23.4	38.6	76
各持续率时的功率/kW	100%	7	18.5	30.5	—
	额定持续率	9	23.4	38.6	76
各持续率时的焊接电流/A	100%	93	232	388	775
	额定持续率	120	300	500	1000

续表

项　　目		BX₃-120-1	BX₃-300-2	BX₃-500-2	BX₂-1000 (BC-1000)
功率因数		—	—	—	0.62
效率/%		80	82.5	87	90
质量/kg		100	183	225	560
外形尺寸/ mm	长	485	730	730	744
	宽	470	540	540	950
	高	680	900	900	1220

注：带（　）的为原有型号。

3.3.1.2　焊接发电机（直流弧焊机）

焊接发电机也称直流弧焊机，主要由三相感应电动机或其他原动机拖动弧焊发电机所组成。由于焊接发电机的电枢回路内串有电抗器，引弧容易，飞溅少，焊接过程电弧稳定，可以焊接各种低、中、高碳钢、合金钢、不锈钢与非铁（有色）金属。

焊接发电机的主要型号有 AX-320、AX₄-300-1、AX₁-165、AX₅-500 等。其中，AX-320 型直流弧焊发电机属裂极式，空载电压为 50～80V，工作电压为 30V，焊接电流调节范围为 45～320A。它主要有 4 个磁极，在水平方向的磁极称为主极，而垂直方向的磁极称为交极，南北极不是互相交替，而是两个北极、两个南极相邻配置，主极和交极仿佛由一个电极分裂而成，所以称为裂极式。

常用焊接发电机型号及性能见表 3-20。

3.3.1.3　焊接整流器（硅整流焊机）

焊接整流器也称硅整流弧焊机，是一种静止式的直流弧焊电源，主要由交流部分与整流部分组成。与直流弧焊机比较，焊接整流器具有噪声小、空载损耗小、惯性和磁偏吹较小、制造和维护容易等特点。

常用焊接整流器型号及性能见表 3-21。

表 3-20　常用焊接发电机型号及性能

项目			AX₁-165 (AB-165)	AX₄-300-1 (AG-300)	AX-320 (AT-320)	AX₅-500	AX₃-500 (AG-500)
弧焊发电机	额定焊接电流/A		165	300	320	500	500
	焊接电流调节范围/A		40~200	45~375	45~320	60~600	60~600
	空载电压/V		40~60	55~80	50~80	65~92	55~75
	工作电压/V		30	22~35	30	23~44	25~40
	额定持续率/%		60	60	50	60	60
	各持续率时的功率/kW	100%	3.9	6.7	7.5	13.6	15.4
		额定持续率	5	9.6	9.6	20	20
	各持续率时的焊接电流/A	100%	130	230	250	385	385
		额定持续率	165	300	320	500	500
使用焊条直径/mm			φ5 以下	φ3~7	φ3~7	φ3~7	φ3~7
电动机	功率/kW		6	10	14	26	26
	电压/V		220/380	380	380	380	220/380/660
	电流/A		21.3/12.3	20.8	27.8	50.9	89/51.5/29.7
	频率/Hz		50	50	50	50	50
	转速/(r/min)		2900	2900	1450	1450	2900
	功率因数		0.87	0.88	0.87	0.88	0.90
	机组效率/%		52	52	53	54	54
机组质量/kg			210	250	560	700	415
外形尺寸/mm		长	932	1140	1202	1128	1078
		宽	382	500	590	590	600
		高	720	825	992	1000	805

注：带（　）的为原有型号。

表3-21 常用焊接整流器型号及性能

项　目			ZXG₁-160	ZXG₁-250	ZXG-300R	ZXG₁-400	ZXG-500R
输出	额定焊接电流/A		160	250	300	400	500
	焊接电流调节范围/A		40~192	62~300	30~300	100~480	40~500
	空载电压/V		71.5	71.5	70	71.5	70/80
	工作电压/V		22~28	22~32	21~32	24~39	22~40
	额定持续率/%		60	60	40	60	40
	各持续率时的焊接电流/A	100%	—	—	194	—	315
		额定持续率	—	—	300	—	500
输入	电流电压/V		380	380	380	380	380
	电源相数		3	3	3	3	3
	频率/Hz		50	50	50	50	50
	额定输入电流/A		16.8	26.3	29.6	42	53.8
	额定输入容量/(kV·A)		11	17.3	19.5	27.8	35.5
质量/kg			138	182	230	238	350
外形尺寸/mm	长		595	635	690	686	760
	宽		480	530	440	570	520
	高		970	1030	885	1075	945

3.3.1.4 焊接变压器常见故障及其消除方法

焊接变压器常见故障及其消除方法见表3-22。

表3-22 焊接变压器常见故障及其消除方法

故障现象	产生原因	消除方法
变压器过热	(1)变压器过载 (2)变压器绕组短路	(1)降低焊接电流 (2)消除短路处
导线接线处过热	接线处接触电阻过大或接线螺栓松动	将接线松开,用砂纸或小刀将接触面清理出金属光泽,然后旋紧螺栓
手柄摇不动,次级绕阻无法移动	次级绕阻引出电缆卡住或挤在次级绕阻中,螺套过紧	拨开引出电缆,使绕阻能顺利移动;松开紧固螺母,适当调节螺套,再旋紧紧固螺母
可动铁芯在焊接时发出响声	可动铁芯的制动螺栓或弹簧太松	旋紧螺栓,调整弹簧
焊接电流忽大忽小	动铁芯在焊接时位置不稳定	将动铁芯调节手柄固定或将铁芯固定
焊接电流过小	(1)焊接导线过长、电阻大 (2)焊接导线盘成盘形,电感大 (3)电缆线接头与工件接触不良	(1)减短导线长度或加大线径 (2)将导线放开,不要成盘形 (3)使接头处接触良好

3.3.1.5 焊接发电机常见故障及其消除方法

焊接发电机常见故障及其消除方法见表3-23。

表3-23 焊接发电机常见故障及其消除方法

故障现象	产生原因	消除方法
机壳漏电	(1)电源接线误碰机壳 (2)变压器、电抗器、风扇及控制线圈元件等碰机壳	(1)消除碰处 (2)消除碰处
空载电压过低	(1)电源电压过低 (2)变压器绕组短路 (3)硅元件或晶闸管损坏	(1)调高电源电压 (2)消除短路 (3)更换硅元件或晶闸管

故障现象	产生原因	消除方法
电流调节失灵	(1)控制绕组短路 (2)控制回路接触不良 (3)控制整流器回路元件击穿 (4)印刷线路板损坏	(1)消除短路 (2)使接触良好 (3)更换元件 (4)更换印刷线路板
焊接电流不稳定	(1)主回路接触器抖动 (2)风压开关抖动 (3)控制回路接触不良、工作失常	(1)消除抖动 (2)消除抖动 (3)检修控制回路
工作中焊接电压突然降低	(1)主回路部分或全部短路 (2)整流元件或晶闸管击穿或短路 (3)控制回路断路	(1)消除短路 (2)更换元件 (3)检修控制整流回路
电表无指示	(1)电表或相应接线短路 (2)主回路出故障 (3)饱和电抗器和交流绕组断线	(1)修复电表或接线短路处 (2)排除故障 (3)消除断路处
风扇电机不动	(1)熔断器熔断 (2)电动机引线或绕组断线 (3)开关接触不良	(1)更换熔断器 (2)接好或修好断线 (3)使接触良好

3.3.1.6　焊接整流器常见故障及其消除方法

焊接整流器的使用和维护与交流弧焊机相似，不同的是它装有整流部分。因此，必须根据弧焊机整流和控制部分的特点进行使用和维护。当硅整流器损坏时，要查明原因，排除故障之后，才能够更换新的硅整流器。焊接整流器常见故障及其消除方法见表3-24。

表3-24　焊接整流器常见故障及其消除方法

故障现象	产生原因	消除方法
电动机反转	三相电动机与电源网路接线错误	三相中任意两相调换
焊接过程中电流忽大忽小	(1)电缆线与工件接触不良 (2)网路电压不稳 (3)电流调节器可动部分松动 (4)电刷与铜头接触不良	(1)使电缆线与工件接触良好 (2)使网路电压稳定 (3)固定好电流调节器的松动部分 (4)使电刷与铜头接触良好
焊机过热	(1)焊机过载 (2)电枢线圈短路 (3)换向器短路 (4)换向器脏污	(1)减小焊接电流 (2)消除短路处 (3)消除短路处 (4)清理换向器，去除污垢

续表

故障现象	产生原因	消除方法
电动机不启动并发出响声	(1)三相熔断丝中有某一相烧断 (2)电动机定子线圈烧断	(1)更换新熔断丝 (2)消除断路处
导线接触处过热	接线处接触电阻过大或接触处螺栓松动	将接线松开，用砂纸或小刀将接触面清理出金属光泽

3.3.2　钢筋气压焊机具

3.3.2.1　概述

钢筋气压焊采用一定比例的氧气与乙炔焰作为热源，对需要接头的两根钢筋的端部接缝处进行加热烘烤，使其达到热塑状态，并对钢筋施加 30～40MPa 的轴向压力，使钢筋顶锻在一起。

钢筋气压焊可以分为敞开式与闭式两种。敞开式是将两根钢筋端面稍微离开，加热到熔化温度，加压完成焊接的一种方法，属于熔化压力焊；闭式是将两根钢筋端面紧密闭合，加热到 1200～1250℃，加压完成焊接的一种方法，属于固态压力焊。目前，钢筋气压焊常用的方法为闭式气压焊，其施焊原理是在还原性气体的保护下，加热钢筋，使其发生塑性流变后，相互紧密接触，促使端面金属晶体相互扩散渗透，再结晶、再排列，从而形成牢固的对焊接头。

钢筋气压焊不仅适用于竖向钢筋的连接，也适用于各种方向布置的钢筋连接。适用于 HPB300、HRB335 钢筋的焊接，其直径为 14～40mm。当对不同直径的钢筋焊接时，两钢筋的直径差不得大于 7mm。此外，热轧 HRB400 钢筋中的 20MnSiV、20MnTi 也可适用，但不包括含碳量与含硅量较高的 25MnSi。

3.3.2.2　气压焊设备基本组成

钢筋气压焊设备主要包括氧气供气装置、乙炔供气装置、加热器、加压器与钢筋夹具等。辅助设备包括用于切割钢筋的砂轮锯、磨平钢筋端头的角向磨光机等。气压焊设备组成如图 3-28 所示。

3.3.2.3　供气装置

供气装置包括氧气瓶、溶解乙炔气瓶（或中压乙炔发生器）、干式回火防止器、橡胶管与减压器等。溶解乙炔气瓶的供气能力必须满足现场最粗钢筋焊接时的供气量要求，当气瓶供气不能满足要求时，可以并联使用多个气瓶。

（1）氧气瓶。氧气瓶是用来储存及运输压缩氧（O_2）的钢瓶，氧气瓶有几种规格，最常用的为容积 40L 的钢瓶，其各项参数见表 3-25。

图 3-28 气压焊设备组成示意

1—脚踏液压泵；2—压力表；3—液压胶管；4—油缸；5—钢筋夹具；
6—被焊接钢筋；7—多火口烤钳；8—氧气瓶；9—乙炔瓶

表 3-25 氧气瓶各项参数

参　　数	数　　值
外径/mm	219
壁厚/mm	约为 8
瓶体高度/mm	约为 1310
容积/L	40
质量（装满氧气）/kg	约为 76
瓶内公称压力/MPa	14.7
储存氧气/m^3	6

为了便于识别，通常在氧气瓶外表涂以天蓝色或浅蓝色，并漆有"氧气"黑色字样。

（2）乙炔气瓶。乙炔气瓶是用来储存及运输溶解乙炔（C_2H_2）的特殊钢瓶，瓶内填满浸渍丙酮的多孔性物质，其作用主要是防止气体的爆炸及加速乙炔溶解于丙酮的过程。乙炔钢瓶必须垂直放

置，当瓶内压力减低到 0.2MPa 时，应当停止使用。乙炔气瓶各项
参数见表 3-26。

表 3-26　乙炔气瓶各项参数

参　　数	数　　值
外径/mm	255～285
壁厚/mm	约为 3
高度/mm	925～950
容积/L	40
质量(装满乙炔)/kg	约为 69
瓶内公称压力(当室温为 15℃)/MPa	1.52
储存乙炔气/m³	6

乙炔钢瓶的外表应涂白色，并漆有"乙炔"红色字样。

氧气瓶与溶解乙炔气瓶的使用应当分别按照国家质量技术监督
局颁发的《气瓶安全监察规程》和劳动部颁发的《溶解乙炔气瓶安
全监察规程》中的相关规定执行；溶解乙炔气瓶的供气能力应当满
足现场最大直径钢筋焊接时供气量的要求；当不足使用要求时，可
以采用多瓶并联使用。

（3）减压器。减压器是将气体从高压降至低压，设有显示气体
压力大小的装置，并具有稳压的作用。减压器按照工作原理可以分
为正作用减压器和反作用减压器两种，如图 3-29 所示，常用的有
以下两种单级反作用减压器：QD-2A 型单级氧气减压器的高压额
定压力为 15MPa，低压调节范围为 0.1～1.0MPa；QD-20 型单级
乙炔减压器的高压额定压力为 1.6MPa，低压调节范围为 0.01～
0.15MPa。

（4）回火防止器。回火防止器是装在燃料气体系统中防止火焰
向燃气管路或气源回烧的保险装置，主要分为水封式回火防止器和
干式回火防止器（图 3-30）两种。水封式回火防止器常常与乙炔
发生器组装成一体，在使用时，必须检查水位。

（5）乙炔发生器。乙炔发生器是利用电石的主要成分碳化钙
（CaC_2）和水相互作用，从而制取乙炔的一种设备。使用乙炔发生
器时，应当注意：每天工作完毕应放出电石渣，并经常清洗。目

图 3-29 单级减压器工作原理

(a) 正作用　　　　　　　(b) 反作用

图 3-30 干式回火防止器

1—防爆橡皮圈；2—橡皮压紧垫圈；3—滤清器；

4—橡皮反向活门；5—上端盖；6—下端盖

前，国家推广使用瓶装溶解乙炔，在施工现场，乙炔发生器已逐渐被淘汰。

3.3.2.4 加热器

加热器主要由混合气管与多口火烤钳组成，一般称为多嘴环管焊炬。为了使钢筋接头处能均匀加热，多口火烤钳通常设计成环状钳形，如图 3-31 所示，并要求多束火焰燃烧均匀，调整方便。加热器的火口数与焊接钢筋直径的关系可参考表 3-27。

(a) 平面图

(b) 侧视图

图 3-31　多口火烤钳

1—上钢筋；2—下钢筋；3—镦粗区；4—环形加热器（火钳）；

5—火口；6—混气管；7—火焰

表 3-27　加热器火口数与焊接钢筋直径的关系

焊接钢筋直径/mm	火口数
22～25	6～8
26～32	8～10
33～40	10～12

3.3.2.5　加压器

加压器主要由液压泵、液压表、液压油管与顶压油缸四部分组成。在钢筋气压焊接作业中，加压器作为压力源，通过连接夹具对钢筋进行顶锻，施加所需要的轴向压力。轴向压力可以按式(3-1) 计算：

$$p = fF_1 p_0 / F_2 \tag{3-1}$$

式中　p——对钢筋实际施加的轴向压力，MPa；

　　　f——压力传递接头系数，一般可取 0.85；

　　　F_1——顶压油缸活塞截面积，mm^2；

p_0——油压表指针读数，MPa；

F_2——钢筋截面积，mm^2。

液压泵有手动式和电动式两种。

手动式加压器的构造见图 3-32。电动式加压器外形见图 3-33。

(a) 构造图

(b) 局部A放大图

图 3-32　手动式加压器构造

1—锁柄；2—锁套；3—压把；4—泵体；5—压力表；6—油箱；7—连接头；
8—泵座；9—卸载阀；10—弹簧；11—活塞顶头；12—油缸体

加压器的使用性能要求如下。

（1）加压器的轴向顶压力应保证所焊钢筋断面上的压力达到 40MPa；顶压油缸的活塞顶头应保证有足够的行程。

（2）在额定压力下，液压系统关闭卸荷阀 1min 后，系统压力下降值不超过 2MPa。

（3）加压器的无故障工作次数为 1000 次，液压系统各部分不得漏油，回位弹簧不得断裂，与焊接夹具的连接必须灵活、可靠。

图 3-33　高压电动油泵（加压器）外形（单位：mm）

1—电源线；2—油压表；3—出油口

（4）橡胶软管应耐弯折，质量符合有关标准的规定，长度 2～3m。

（5）加压器液压系统推荐使用 N46 抗磨液压油，应能在 70℃ 以下正常使用。顶压油缸内密封环应耐高温。

（6）达到额定压力时，手动油泵的杠杆操纵力不得大于 350N。

（7）电动油泵的流量在额定压力下应达到 0.25L/min。手动油泵在额定压力下排量不得小于 10mL/次。

（8）电动油泵供油系统必须设置安全阀，其调定压力应与电动油泵允许的工作压力一致。

顶压油缸的基本参数见表 3-28。

表 3-28　顶压油缸基本参数

顶压油缸代号	活塞直径/mm	活塞杆行程/mm	额定压力/MPa
DY32	32	45	31.5
DY40	40	60	40
DY50	50	60	40

3.3.2.6 钢筋夹具

（1）钢筋夹具的基本组成。钢筋夹具是在气压焊接作业过程中将两根待焊钢筋端部夹牢，并可对钢筋施加轴向顶锻压力的装置。钢筋夹具由固定夹头、活动夹头、紧固螺栓、调整螺栓、回位弹簧与卡帽等组成，如图 3-34 所示。焊接夹具的卡帽主要有卡槽式与花键式两种。活动夹头和固定夹头的固筋方式主要有 4 种，如图 3-35 所示，使用时不应损伤带肋钢筋肋下钢筋的表面。活动夹头应与固定夹头同心，并且当不同直径钢筋焊接时，也应当保持同心；活动夹头的位移应当大于等于现场最大直径钢筋焊接时所需要的压缩长度。

图 3-34　气压焊钢筋夹具示意

1—固定夹头；2—紧固螺栓；3—夹块；4—活动夹头；

5—调整螺栓；6—夹具外壳；7—回位弹簧；8—卡帽

（2）钢筋夹具的作用。钢筋夹具的作用有：焊接作业时，能够对钢筋进行夹紧、调整，同时在施焊过程中对钢筋施加足够的轴向压力，将两根钢筋压接在一起。因此，要求钢筋夹具不仅应当具有足够的握力，确保夹紧钢筋；而且应当便于钢筋安装定位，确保在焊接过程中钢筋不滑移，钢筋接头不产生偏心和弯曲变形，同时不损伤钢筋的表面。

（3）钢筋夹具的基本参数。钢筋夹具的基本参数见表 3-29。

| (a) 螺栓顶紧 | (b) 钳口夹紧 | (c) 抱合夹紧 | (d) 斜铁楔紧 |

图 3-35　夹头固筋方式

表 3-29　钢筋夹具的基本参数

钢筋夹具代号	焊接钢筋额定直径/mm	额定荷载/kN	允许最大荷载/kN	动夹头有效行程/mm	动、定夹净距/mm	夹头中心与筒体外缘净距/mm
HJ25	25	20	30	≥45	160	70
HJ32	32	32	48	≥50	170	80
HJ40	40	50	65	≥60	200	85

（4）钢筋夹具的性能要求。钢筋夹具的使用性能要求如下。

① 焊接夹具应当保证夹持钢筋牢固，在额定荷载下，钢筋与夹头间相对滑移量不得大于 5mm，并应便于钢筋的安装定位。

② 在额定荷载下，焊接夹具的动夹头与定夹头的同轴度不得大于 0.25。

③ 焊接夹具的夹头中心线与筒体中心线的平行度不得大于 0.25mm。

④ 焊接夹具装配间隙累积偏差不得大于 0.50mm。

3.3.2.7　辅助设备

辅助设备主要有砂轮锯（切割钢筋用）、角向磨光机（磨平钢筋端头用）等。

3.3.3　钢筋对焊机

3.3.3.1　对焊机的类别

对焊机按照焊接方式可以分为电阻对焊、连续闪光对焊与预热闪光对焊；按照结构形式分为弹簧顶锻式、杠杆挤压弹簧顶锻式、电动凸轮顶锻式与气压顶锻式。

3.3.3.2 对焊机的技术性能

常用对焊机的技术性能见表 3-30，钢筋加工中最常用的是 UN_1 系列对焊机。

表 3-30 常用对焊机的技术性能

项 目		技术性能指标			
		UN_1-75	UN_1-100	UN_2-150	UN_{17}-150-1
额定容量/kV·A		75	100	150	150
初级电压/V		220/380	380	380	380
次级电压调节范围/V		3.52~7.94	4.5~7.6	4.05~8.0	3.8~7.6
次级电压调节级数		8	8	15	15
额定持续率/%		20	20	20	50
钳口夹紧力/kN		20	40	100	160
最大顶锻力/kN		30	40	65	80
钳口最大距离/mm		80	80	100	90
动钳口最大行程/mm		30	50	27	80
动钳口最大烧化行程/mm		—	—	—	20
焊件最大预热压缩量/mm		—	—	10	
连续闪光焊时钢筋最大直径/mm		12~16	16~20	20~25	20~25
预热闪光焊时钢筋最大直径/mm		32~36	40	40	40
生产率/(次/h)		75	20~30	80	120
冷却水消耗量/(L/h)		200	200	200	500
压缩空气	压力/(N/mm²)	—	—	5.5	6
	消耗/(m³/h)	—	—	15	6
焊机质量/kg		445	465	2500	1900
外形尺寸/mm	长	1520	1800	2140	2300
	宽	550	550	1360	1100
	高	1080	1150	1380	1820

3.3.3.3　对焊机的基本结构

UN₁ 系列对焊机的主要结构由机架部分、进料压紧机构、夹具装置、控制开关、冷却系统与电气设备等几部分构成，如图 3-36 所示。

图 3-36　UN₁ 型系列对焊机结构（单位：mm）

1—调节螺钉；2—螺杆；3—挡板；4—手柄；5—固定横架；

6—电极（左）；7—电极（右）；8—可动横架；9—机架；10—夹紧臂；

11—套钩；12—护板；13—操纵杆；14—按钮；15—行程开关；

16—行程螺钉；17—分极开关；18—行程标尺

3.3.3.4 对焊机的工作原理

对焊属于塑性压力焊接，即将对接的钢筋接头部位利用电能转化成的热能，加热到近于熔化的高温状态，利用其高塑性加压实行顶锻，从而达到连接的一种工艺操作。对焊机的工作原理如图3-37所示。

图 3-37 对焊机的工作原理

1—机身；2—固定平板；3—滑动平板；4—固定电极；5—活动电极；
6—变压器；7—钢筋；8—开关；9—压力机构；10—变压器次级线圈

3.3.4 竖向钢筋电渣压力焊机具

3.3.4.1 概述

钢筋电渣压力焊是我国改革开放以来兴起的一项新的钢筋竖向连接技术，属于熔化压力焊。钢筋电渣压力焊是利用电流通过两根钢筋端部之间产生的电弧热和通过渣池产生的电阻热将钢筋端部熔化，然后施加压力，使钢筋焊接为一体的方法。这种方法具有施工简便、生产效率高、节约钢材、节约电能和接头质量可靠、成本较低的特点。钢筋电渣压力焊主要用于现浇钢筋混凝土结构中竖向或斜向（倾斜度在 4∶1 范围内）钢筋的连接。

　　竖向钢筋电渣压力焊是一种综合焊接，它具有埋弧焊、电渣焊与压力焊三种焊接方法的特点。焊接开始时，首先应当在上下两钢筋端面之间引燃电弧，使电弧周围焊剂熔化形成空穴，随后在监视焊接电压的情况下，进行"电弧过程"的延时，利用电弧热量，一方面使电弧周围的焊剂不断熔化，使渣池形成必要的深度；另一方面使钢筋端面逐渐烧平，为获得优良接头创造条件。接着将上钢筋端部潜入渣池中，电弧熄灭，进行"电渣过程"的延时，利用电阻热能使钢筋全断面熔化，并形成有利于保证焊接质量的端面形状。最后，在断电同时迅速进行挤压，排除全部熔渣和熔化金属，形成焊接接头。

　　钢筋电渣压力焊接一般适用于 HPB300、HRB335 直径为 14～40mm 钢筋的连接。

3.3.4.2　焊机

　　（1）按整机组合方式分类。按整机组合方式分类，焊机可以分为分体式焊机和同体式焊机。

　　① 分体式焊机。包括焊接电源（电弧焊机）、焊接夹具、控制系统和辅件（焊剂盒，回收工具）等几部分。另外，还有控制电缆、焊接电缆等附件。分体式焊机的特点是便于充分利用现有电弧焊机，节省投资。

　　② 同体式焊机。将控制系统的电气元件组合在焊接电源内，另配焊接夹具、电缆等。其特点是可以一次投资到位，购入即可使用。

　　（2）按操作方式分类。按操作方式分类，焊机可以分为手动式焊机和自动式焊机。

　　① 手动式焊机。这种焊机由于装有自动信号装置，又称半自动焊机。

　　a. 杠杆式单柱焊接机头。由上夹头（活动夹头）、下夹头（固定夹头）、单导头、焊剂盒与手柄等组成，如图 3-38 所示。操作时，将上夹头固定在下钢筋上，利用手动杠杆使上夹头沿单导柱上、下滑动，从而控制上钢筋的位置与间隙。机头的夹紧装置具有

图 3-38　杠杆式单柱焊接机头示意

1—钢筋；2—插座；3—上夹头；4—焊剂盒；5—下夹头；6—单导柱；
7—控制电缆；8—开关；9—操作手把；10—监控仪表；11—手柄

微调机构，可保证钢筋的同心度。另外，在半自动焊接机头上装置有监控仪表，可以按照仪表显示的资料，对焊接过程进行监控。

b. 丝杠传动式双柱焊接机头。由上夹头（活动夹头）、下夹头（固定夹头）、双导柱、升降丝杠、夹紧装置、伞形齿轮箱、手柄、操作盒与熔剂盒等组成，如图 3-39 所示。操作时，由手柄、伞形齿轮及升降丝杠控制上夹头沿双导柱滑动升降。由于该机构利用丝杠螺母的自锁特性，传动比为 1：80，因此上钢筋不仅定位精度高，卡装钢筋后无需调整对中度，而且操作比较省力。MH-36 型竖向钢筋电渣压力焊机就属于这种类型，机头质量约为 8kg，竖向钢筋的最小间距为 60mm。

手动电渣压力焊的焊接过程均由操作工人来完成，所以操作工人的技术熟练程度、身体状况、责任心、情绪高低等，均可能影响工艺过程的稳定，而最终影响焊接质量。所以，手动焊接的设备性能、工人的技术水平与责任心是保证焊接质量的三大要素。

② 自动式焊机。这种焊机可以自动完成电弧、电渣及顶压过程，可以减轻劳动强度，但电气线路比较复杂。图 3-40 为自动电

图 3-39　丝杠传动式双柱焊接机头示意

1—伞形齿轮箱；2—手柄；3—升降丝杠；4—夹紧装置；5—下夹头；

6—双导柱；7—熔剂盒；8—导管；9—上夹头；

10—操作盒；11—钢筋

图 3-40　自动电渣压力焊接设备

1—上钢筋；2—上夹钳；3—下夹钳；4—下钢筋；5—电动机；6—机头

渣压力焊接设备，自动焊接卡具的构造如图 3-41 所示。在图 3-41 中，除了上卡头、支柱与滑套外，8 为推力轴承，上、下应各设一个，可以实现丝杠的上、下定位；9 为伺服电动机，经过一级蜗杆减速后，通过十字轴节与丝杠啮合。下卡头可以做径向调整，解决钢筋的对中和变径问题。

图 3-41　自动焊接卡具的构造示意

1—下卡头；2—绝缘层；3—支柱；4—丝框；5—传动螺母；

6—上卡头；7—滑套；8—推力轴承；9—伺服电动机

3.3.4.3　焊接电源

　　焊接电源可以采用额定焊接电源 500A 或 500A 以上的弧焊电源（电弧焊机）作为焊接电源，交流或直流均可。焊接电源的次级空载电压应较高，以便于引弧。

　　焊机的容量应根据所焊钢筋直径选定。常用的交流弧焊机有 BX_3-500-2、BX_3-650、BX_2-700、BX_2-1000 等，也可选用 JSD-600 型或 JSD-1000 型专用电源。电渣压力焊电源性能指标见表 3-31；直流弧焊电源可以采用 ZX5-630 型晶闸管弧焊整流器或硅弧焊整流器。

表 3-31　电渣压力焊电源性能指标

项　目	JSD-600	JSD-1000
电源电压/V	380	380
相数/相	1	1
输入容量/kV·A	45	76
空载电压/V	80	78

续表

项　目	JSD-600		JSD-1000	
负载持续率/%	60	35	60	35
初级电流/A	116		196	
次级电流/A	600	750	1000	1200
次级电压/V	22～45		22～45	
焊接钢筋直径/mm	14～32		22～40	

3.3.4.4　焊接夹具

焊接夹具由立柱、传动机构、上下夹钳与焊剂（药）盒等组成，并装有监控装置，包括控制开关、次级电压表与时间指示灯（显示器）等。

焊接夹具的主要作用是夹住上下钢筋，使钢筋定位同心；传导焊接电流；确保焊药盒直径与钢筋直径相适应，便于装卸焊药。在焊接夹具上应当装有掌握各项焊接参数的监控装置。

3.3.4.5　控制箱

图 3-42　焊剂盒（单位：mm）

1—张口缝；2—铰链；

d_1—焊剂盒直径

d_2—锥体口直径

控制箱的作用是通过焊工操作（在焊接夹具上揿按钮），使弧焊电源的一次线路接通或断开。

3.3.4.6　焊剂与焊剂盒

（1）焊剂。焊剂应当采用高锰、高硅、低氢型 HJ431 焊剂，其作用是使熔渣形成渣池，使钢筋接头良好地形成，保护熔化金属和高温金属，避免氧化作用与氮化作用的发生。焊剂在使用前，必须经过 250℃ 烘烤 2h。落地的焊剂可以回收，并经 5mm 筛子筛去熔渣后，再经铜笙底筛筛一遍后烘烤 2h，最后再用铜笙底筛筛一遍，才能与新焊剂各掺一半混合使用。

（2）焊剂盒。焊剂盒可以做成合瓣圆柱体，下口为锥体的形状，如图 3-42 所示。锥体口直径（d_2）可按表 3-32 选用。

表 3-32　焊剂盒下口尺寸

焊接钢筋直径/mm	d_2/mm
40	46
32	36
28	32

3.3.5　全封闭自动钢筋竖、横向电渣焊机具

3.3.5.1　概述

全封闭自动钢筋电渣焊机一般配有竖向和横向两种卡具，可一机多用，既可用于钢筋竖向焊接，也可用于钢筋水平方向焊接，并能够实现钢筋焊接过程自动化控制。全封闭自动钢筋电渣焊机的特点是操作简便，焊接过程全自动程序控制，不受人为因素的影响；钢筋焊接端部无需做任何处理；焊接卡具为全封闭结构，防尘、防沙及环境适应能力强；焊接卡具采用 28V 低压直流电动机驱动，并设有上、下极限位置自动保护装置，工作安全性能良好；焊机控制电路设有过压、过流、挤压与熄弧等自动保护措施，一台控制箱可以带 4～6 个卡具连续操作，生产效率高。

3.3.5.2　设备组成

全封闭自动钢筋电渣焊机的设备组成如图 3-43 所示，卡具结构如图 3-44 所示，并见表 3-33。

表 3-33　全封闭自动钢筋电渣焊机的设备组成

项目名称	数　量
全自动钢筋电渣焊机控制箱	1 台
带电缆控制盒	1 套 20m
钢筋卡具(竖向和横向)	各 1 套(含焊剂盒、铲、钳)
控制箱输出电缆	1 束(两根)

续表

项目名称	数　量
焊把线电缆(用户自备)($S=70mm^2$、$L=20m$)	1束(两根)
电源电缆(用户自备)($S=16mm^2$)	1束(两根)
普通电焊机(用户自备)(630A 左右)	1台

图 3-43　全自动钢筋竖向电渣焊机示意

1—控制箱；2—电源电缆；3—控制箱输出电缆；4—控制盒；5—焊剂盒；
6—焊剂；7—被焊钢筋；8—焊接卡具；9—焊钳电缆；10—电焊机

(a) 竖向焊接卡具　　　　　　(b) 横向焊接卡具

图 3-44　卡具结构示意

1—把手；2—上卡头；3—紧固螺栓；4—焊剂盒插口；5—电动机构；
6—控制盒插座；7—下钢筋限位标记；8—下卡头顶丝；9—下卡头；
10—端盖；11—横向卡具、卡头和基座；12—焊剂盒；
13—横焊立管；14—铜模；15—左右挡板

3.3.5.3　技术性能

全封闭自动钢筋电渣焊机的基本技术性能见表 3-34。

表 3-34　全封闭自动钢筋电渣焊机的基本技术性能

项目名称		指　标
额定输入电压/V		380
额定输入电流/A		小于 140
焊接工作电压/V		20～40
焊接工作电流/A		350～700
焊接钢筋直径/mm	竖向	16～36
	横向	16～32(建议应用范围 16～25)
上夹头行程/mm	不小于	70
夹头的提升力和抗压力/kN	不小于	15
焊剂		HJ431
焊剂消耗/(g/头)		200
焊接时间/(s/头)	竖向　不大于	50
	横向　不大于	110
钢筋消耗/(mm/头)		20～30
工作半径/m		20
配用焊机		BX$_3$-630A

注：1. 工作环境温度为 -10～$50℃$。

2. 工作方式为断续工作制，卡具每次焊接间隔时间不小于 5min。

3. 不允许雨天使用。

3.3.5.4　焊机的配电设备和线路技术要求

（1）工地供电变压器的容量应当大于 $100kV \cdot A$，当与塔吊等用电设备共用时，变压器的容量还应相应加大，以保证焊机工作时正常供电。电源电压波动范围不应超出焊机配电的技术要求。

（2）从配电盘至电焊机的电源线，其导线截面面积应当大于 $16mm^2$；当电源线长度大于 100m 时，其导线截面面积应当大于 $20mm^2$，以避免线路压降过大。

（3）焊钳电缆导线（焊把线）截面面积应当大于 $70mm^2$，电源线和焊钳电缆的接线头与导线连接应当压实焊牢，并紧固在配电盘和电焊机的接线柱上。

（4）配电盘上的空气保险开关和漏电保护开关的额定电流，均应大于150A。

（5）交流380V电源电缆和控制箱至卡具控制电缆的走线位置应当选择恰当，以防止工地上金属模板或其他重物砸坏电缆；当配电盘、电焊机和卡具相距较近时，电缆应拉开放置，不能盘成圆盘。

（6）电焊机和控制箱都要接地线，并接地良好。

3.3.6　钢筋电阻点焊机

3.3.6.1　单头点焊机

DN$_3$-75型气压传动式点焊机为单头点焊机，其结构如图3-45所示。常用单头点焊机的技术性能见表3-35。

图3-45　DN$_3$-75型气压传动式点焊机（单位：mm）

3.3.6.2　钢筋焊接网成形机

钢筋焊接网成形机是钢筋焊接网生产线的专用设备，采用微机控制，能够焊接总宽度不大于3.4m、总长度不大于12m的钢筋网。GWC系列钢筋焊接网成形机的主要技术性能见表3-36。

表 3-35 常用点焊机的技术性能

项目	SO 232A	SO 432A	DN$_3$-75	DN$_3$-100
传动方式		气压传动式		
额定容量/(kV·A)	17	21	75	100
额定电压/V	380	380	380	380
额定暂载率/%	50	50	20	20
初级额定电流/A	45	82	198	263
较小钢筋最大直径/mm	8~10	10~12	8~10	10~12
每小时最大焊点数/(点/h)	900	1800	3000	1740
次级电压调节范围/V	1.8~3.6	2.5~4.6	3.33~6.66	3.65~7.3
次级电压调节级数/级	6	8	8	8
电极臂有效伸长距离/mm	230 550	500 800	800	800
上电极 工作行程/mm	10~40	40~120	20	20
上电极 辅助行程/mm	22~89	56~170	80	80
电极间最大压力/kN	2.64	2.76	6.5	6.5
电极臂间距离/mm	190~310	190~310	380~530	
下电极臂垂直调节/mm	150	150	150	150
压缩空气 压力/MPa	0.6	0.6	0.55	0.55
压缩空气 消耗量/(m³/h)	2.15	1	15	15
冷却水消耗量/(L/h)	160	160	400	700
质量/kg	160	225	800	850
外形尺寸/mm 长	765	860	1610	1610
外形尺寸/mm 宽	400	400	730	730
外形尺寸/mm 高	1405	1405	1460	1460

表 3-36　GWC 系列钢筋网成形机的主要技术性能

项　目		GWC 1250	GWC 1650	GWC 2400	GWC 3300
最大网宽/mm		1300	1700	2600	3400
焊接钢筋直径/mm		1.5～4	2～8	4～12	4～12
网格宽度/mm	纵向	≥50	≥50	≥100	≥100
	横向	≥20	≥50	≥50	≥50
工作频率/(1/min)		30～90	40～100	40～100	40～100
焊点数量/点		≥26	≥34	≥26	≥34

3.3.7　焊接机具使用要点

对电弧焊机的正确使用和合理维护，能保证它的工作性能稳定和延长它的使用期限。

（1）电弧焊机应尽可能安放在通风良好、干燥、不靠近高温和粉尘多的地方。弧焊整流器应当特别注意对硅整流器的保护和冷却。

（2）当电弧焊机接入电网时，必须使两者电压相符。

（3）当启动电弧焊机时，电焊钳和焊件不能接触，以防短路。在焊接过程中，也不能长时间短路，特别是弧焊整流器，在大电流工作时，产生短路会使硅整流器烧坏。

（4）当改变接法（换挡）和变换极性接法时，应在空载下进行。

（5）按照电弧焊机说明书规定的负载持续率下的焊接电流进行使用，不得使电弧焊机过载而损坏。

（6）经常保持焊接电缆与电弧焊机接线柱接触良好。

（7）经常检查弧焊发电机的电刷和整流片的接触情况，保持电刷在整流片表面应有适当而均匀的压力。当电刷磨损或损坏时，要及时更换新电刷。

（8）在露天使用时，应当防止灰尘和雨水浸入电弧焊机内部。电弧焊机搬动时，特别是弧焊整流器，不能受剧烈的振动。

（9）每台电弧焊机均应有可靠的接地线，以保障安全。

（10）当电弧焊机发生故障时，应立即将电弧焊机的电源切断，然后及时进行检查和修理。

（11）工作完毕或临时离开工作场地，必须及时切断电弧焊机的电源。

4 钢筋绑扎搭接

4.1 钢筋绑扎搭接连接概述

4.1.1 钢筋绑扎搭接的传力机理

（1）传力机理

① 搭接传力的本质。搭接钢筋之间可以传递内力，完全仰仗周围握裹层混凝土的黏结锚固作用。相背受力的两根钢筋分别将内力传递给混凝土，即通过握裹层混凝土完成内力的过渡。因此钢筋搭接传力的本质，即为钢筋与混凝土的黏结锚固作用。

深入分析钢筋与混凝土的黏结锚固机理，主要是依靠钢筋横肋对混凝土咬合齿的挤压作用。由于钢筋横肋的挤压面是斜向的，所以挤压推力也是斜向的，这就形成了黏结锚固在界面上的锥楔作用 [图 4-1（a）]。锥楔作用在纵向的分力即为锚固力，而在径向的推挤力，通常引起握裹层混凝土顺着钢筋方向的纵向劈裂力 [图 4-1（b）]，并形成沿钢筋轴线方向的劈裂裂缝。

(a) 界面的锥楔作用

1—钢筋；2—锥楔；3—咬合齿；4—横肋

(b) 纵间劈裂力

1—钢筋；2—推挤力

图 4-1　钢筋与混凝土界面的锥楔作用和纵向劈裂

c—咬合力；P—挤压力；σ_1—应力

　　② 搭接传力的特点。钢筋的搭接传力基本是锚固问题，但也有其特点。一是两根钢筋的重叠部位混凝土握裹力受到削弱，所以钢筋的搭接强度小于其锚固强度，钢筋的搭接长度通常以相应的锚固长度折算，并且长度也稍大。二是搭接的两根钢筋锥楔作用的推力均向外[图 4-2(a)、(b)]，所以在两根搭接钢筋之间就特别容易产生劈裂裂缝，即搭接钢筋之间的缝间裂缝[图 4-2(c)]。而搭接长度范围内的围箍约束作用，对于确保搭接连接的传力，有着防止搭接钢筋分离的控制作用[图 4-2(b)]。搭接钢筋之间的这种裂缝继续发展，最终将形成构件搭接传力的破坏[图 4-2(d)]。

(a) 搭接钢筋之间的推力

(b) 钢筋之间的推挤力及劈裂裂缝

(c) 受弯构件的搭接裂缝

(d) 构件搭接接头的破坏

图 4-2　钢筋搭接的传力机理

1—钢筋；2—缝间混凝土；3—围箍作用；4—推挤力；5—搭接区域；6—筋端横裂；7—缝间纵向劈裂；8—剥落；9—龟裂鼓出；M—推力；l_1—搭接区域

(2) 传力性能。绑扎搭接连接是施工最为简便的钢筋连接方式。经过系统的试验研究及长期的工程经验，通过采取一定的构造措施，绑扎搭接连接能够满足可靠传力的承载力要求。但由于两根钢筋之间的相对滑移，搭接连接区段的伸长变形往往加大，割线模量 E_c 肯定会减小，小于钢筋弹性模量 E_s（图 4-3）。而且构件卸载之后，搭接连接区段还会留下残余变形 ε_r，和在搭接接头两端的残余裂缝（图 4-4），所以搭接接头处受力以后的恢复性能变差。一般钢筋搭接连接的破坏是延性的，只要有配箍约束

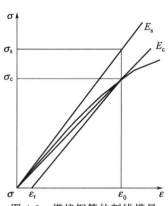

图 4-3 搭接钢筋的割线模量

E_c—直接接头割线模量；E_s—钢筋弹性模量；ε_r—残余变形；ε_0—应变值；

σ_s—整体筋中引起的应力，$\sigma_s = E_s q_0$；

σ_c—连接钢筋中的应力，$\sigma_c = E_c \varepsilon_0$

使绑扎搭接的两根钢筋不分离，就不会发生钢筋传力中断的突然性破坏[图 4-2(d)]。

图 4-4 连接接头处的残余裂缝

4.1.2 钢筋搭接的工程应用

(1) 应用范围。通常情况下，钢筋绑扎搭接的施工操作较为简单。但是近年高强度钢筋和大直径的粗钢筋应用增多，导致搭接长度加大，造成施工困难，耗钢较多而成本增加。所以绑扎搭接连接只适用于直径较小的钢筋。一般直径 16mm 及以下中、小直径的

钢筋，适宜采用搭接连接的方式。

（2）直径限制。鉴于近年各种连接技术的迅速发展，加之粗钢筋绑扎搭接连接施工不便，而且耗费材料，因此对于搭接连接的应用的范围，较之原《混凝土结构设计规范》适当加严。新修订的《混凝土结构设计规范》，对于搭接连接钢筋直径的限制如下：受拉钢筋由 28mm 改为 25mm；受压钢筋由 32mm 改为 28mm。

（3）受力状态限制

① 受拉构件。绑扎搭接的连接方式，对于完全依靠钢筋拉力承载的轴心受拉及小偏心受拉杆件，受力就不十分可靠。例如，混凝土结构屋架的下弦拉杆，以及混凝土结构抗连续倒塌设计的拉接构件法，配置的受力钢筋就无法有绑扎搭接的连接。

所以《混凝土结构设计规范》（2015 年版）规定："轴心受拉及小偏心受拉杆件的纵向受力钢筋，不得采用绑扎搭接"。

② 疲劳构件。承受疲劳荷载作用的构件，由于受力钢筋要经受反复疲劳荷载的作用，搭接连接的传力性能将蜕化而受到削弱。所以《混凝土结构设计规范》（2015 年版）规定："需进行疲劳验算的构件，其纵向受拉钢筋不得采用绑扎搭接接头……"

4.2 钢筋绑扎方法及要求

4.2.1 钢筋绑扎准备

4.2.1.1 学习与审查施工图纸

施工图是钢筋绑扎与安装的基本依据，所以必须熟悉施工图上明确规定的钢筋安装位置、标高、形状、各细部尺寸与其他要求，并应仔细审查各图纸之间是否有矛盾，钢筋的规格、数量是否有误，施工操作是否存在困难等。

4.2.1.2 了解施工条件

施工条件所包括的范围很广，例如从钢筋加工地点运至现场的各种编号钢筋应沿哪条路线走，到现场之后应堆置在工地的哪一角落等。

在一个工程中，通常有多个工种同时或先后进行作业，所以必须先同其他有关工种配合联系，并检查前一工序的进展情况。例如在基础工程中，应当了解混凝土垫层浇捣和平整状况；应当了解板、梁的模板清扫和滑润状况，以及坚固程度；与其他工种的必要配合顺序应当如何协调（例如，在高层建筑的基础底板内需要穿过各种管道，这些管道安装与钢筋骨架的先后操作应当怎样安排）。前一工序（或平行作业的工序）完成相应的作业是钢筋施工条件必备的前提。

4.2.1.3　确定钢筋安装工艺

由于钢筋安装工艺在一定程度上影响着钢筋绑扎的顺序，所以必须根据单位工程已确定的基本施工方案、建筑物构造、施工场地、操作脚手架与起重机械等，来确定钢筋的安装工艺。

4.2.1.4　安排用料顺序

所谓"料"是指每号钢筋，应当根据工程施工进度的实际情况，确定在现场的某一区段需用哪一号钢筋多少根，应当做到无论在绑扎场地或模板附近处，绑扎人员需要用到的钢筋随时都能取到。

安排用料顺序应当落实到钢筋所在位置与所需钢筋编号的根数。在一般情况下，对于较复杂的工程或者钢筋用量较多的工程，应当预先按安装顺序填写用料表，将它作为提取用料的依据，并且参看这份用料表进行安装。表 4-1 为钢筋用料表的参考格式，它是按照施工进度要求编制的，所需钢筋编号的根数并不是图纸上写明的钢筋材料表上那号钢筋的总根数。例如某工程有 L-2 梁 5 根，每根梁上有 4 根 6 号钢筋，那么 6 号钢筋总共需 20 根，而第一次在工程某区段只安装 L-2 梁 2 根，所以只需提取 8 根 6 号钢筋，而不是 20 根。

表 4-1　钢筋用料表

工程名称	用料顺序							
	1				2			
	用料部位	用料时间	钢筋编号	需要根数	用料部位	用料时间	钢筋编号	需要根数
××小区××号楼	西一单元基础	××年××月××日上午	4	16	西二单元L-2梁	××年××月××日下午	1	3
			6	20			2	2
			7-1	14			3	24
			7-2	16			4	8
			7-3	14			5	4
			7-4	14			6	8
			7-5	12			7	10
			9-1	12			8	14
			9-2	24			9	12
			…	…			…	…

　　有的钢筋由于原材料长度不足，需由多段钢筋接长，所以对于被分段的钢筋，应当进行补充编号。例如有一根编号为 6 号的钢筋，是要分成几段另立分号的，在编制钢筋材料表时已由有关人员处理，因此钢筋绑扎安装准备的用料表中必须与原材料表核对，都要写明，如 6-1、6-2、6-3、6-4、……但是，各段钢筋长度不同，它们应该配套成组安装，所以在钢筋用料表中要做上记号，如 6-1 与 6-2、6-3 与 6-4 和 6-5、……配套成组，可以勾画连在一起。

　　为便于迅速查取所要安装的各号钢筋，对于工程量较大的施工现场也可以编制内容更为详细的表格，例如构件数量、该编号钢筋的形状或特征等。

4.2.1.5　核对实物

　　施工图（包括设计变更通知单）与钢筋用料表只是书面上的资料，做施工准备时，还应对实际成型的钢筋加以落实，查看它们到底是否已经准备好，放在仓库或场地的哪一个位置，钢筋的规格、根数与式样等是否与书面资料符合（也可以按料牌进行核对）。在施工现场，绑扎、安装前必须着重检查钢筋锈蚀状况，确定有无必要进行除锈；对钢筋表面的任何污染（如油渍、黏附的泥土）均应事先清除干净。

当绑扎复杂的结构部位时，应当研究好钢筋穿插就位的顺序及与模板等其他专业的配合先后次序，以减少绑扎困难。

4.2.1.6　准备施工用具与材料

必要的施工用具（如绑扎用的铁钩、撬棍、绑扎架、扳子等）以及材料（如垫出混凝土保护层的砂浆垫块、绑扎用的铁丝等）均必须预先准备就绪。

（1）根据钢筋骨架的具体形状与处于混凝土中的位置，有时需要设置一些撑脚、支架与挂钩等，以供固定或维持其处于准确位置。这些物件均需提前准备好，而有的必须经过计算，以确定具体尺寸，较复杂的支撑件形状还应经过专门设计。

（2）钢筋绑扎用的钢丝，可以采用20～22号钢丝。其中，22号钢丝只用于绑扎直径12mm以下的钢筋。钢丝长度可按表4-2的数值采用；由于钢丝是成盘供应的，所以习惯上是按每盘钢丝周长的几分之一来切断。

表4-2　钢筋绑扎钢丝长度参考

钢筋直径/mm	6～8	10～12	14～16	18～20	22	25	28	32
6～8	150	170	190	220	250	270	290	320
10～12	—	190	220	250	270	290	310	340
14～16	—	—	250	270	290	310	330	360
18～20	—	—	—	290	310	330	350	380
22	—	—	—	—	330	350	370	400

（3）准备控制混凝土保护层用的水泥砂浆垫块或塑料卡。水泥砂浆垫块的厚度应等于保护层厚度。对于垫块的平面尺寸，当保护层厚度等于小于20mm时，为30mm×30mm；当保护层厚度大于20mm时，为50mm×50mm。当在垂直方向使用垫块时，可以在垫块中埋入20号钢丝。

塑料卡的形状主要有塑料垫块和塑料环圈两种，如图 4-5 所示。塑料垫块主要用于水平构件（如梁、板），在两个方向均有凹槽，以便适应两种保护层厚度。塑料环圈主要用于垂直构件（如柱、墙），使用时钢筋从卡嘴进入卡腔；由于塑料环圈有弹性，所以能够使卡腔的大小能适应钢筋直径的变化。

(a) 塑料垫块　　　　　(b) 塑料环圈

图 4-5　控制混凝土保护层用的塑料卡

1—卡腔；2—卡嘴；3—卡喉；4—环栅；

5—环孔；6—环壁；7—内环；8—外环

4.2.1.7　画出钢筋位置线

（1）画线处。为便于绑扎钢筋时，确定它们的相应位置，操作时需要在该位置上事先用粉笔画上标志（通常称为"画线"）。例如，图 4-6 所示是 1 根梁的纵筋，长 5960mm，按箍筋间距的要求，可在纵筋上画线。

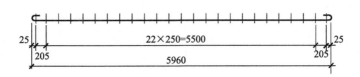

图 4-6　画线（单位：mm）

通常，梁的箍筋位置应当画在纵向钢筋上；平板或墙板钢筋应当画在模板上；柱的箍筋应当画在两根对角线纵向钢筋上；对于基础的钢筋，每个方向的两端各取 1 根画点，或画在垫层上。

（2）根数和间距计算。钢筋的根数和间距在图纸上，经常标明不一致，有的施工图上仅写出钢筋间距，就必须将所用根数计算出来；有的施工图上仅写出钢筋根数，就必须将它们的间距计算出来。

有关计算工作应在钢筋安装之前事先做好。所用的基本公式如下：

$$n = \frac{s}{a} + 1 \qquad (4\text{-}1)$$

$$a = \frac{s}{n-1}$$

式中，n 为钢筋根数；s 为配筋范围的长度；a 为钢筋间距。

n、s、a 之间的关系可由图 4-7 得出，其中配筋范围的长度是指首根钢筋至末根钢筋之间的范围；n 根钢筋实际上有 $n-1$ 个间距。

图 4-7　n、s、a 的关系

（3）复核间距。通常，施工图上标明的钢筋间距是整数的，只是近似值，遇到这种情况，应当先算出实际需用的根数，然后加以复核，以确定实际间距。计算方法是：根据式（4-1）先算出根数，再复核间距。

4.2.2　钢筋绑扎操作方法

4.2.2.1　一面顺扣绑扎方法

一面顺扣绑扎的操作方法是：将铁丝对折成 180°，理顺叠齐，

放在左手掌内。绑扎时，左手拇指将一根铁丝推出，食指配合将弯折一端伸入绑扎点钢筋底部；右手持绑扎钩子，用钩尖钩起铁丝弯折处，向上拉至钢筋上部，以左手所执的铁丝开口端紧靠，两者拧紧在一起，拧转2～3圈，如图4-8所示。将铁丝向上拉时，铁丝应当紧靠钢筋底部，将底面筋绷紧在一起，绑扎才能牢靠。一面顺扣绑扎方法多用于平面上扣很多的地方，如楼板等不易滑动的部位。

图 4-8　钢筋绑扎的面扣法

4.2.2.2　其他扎扣方法

钢筋绑扎方法除了一面顺扣绑扎方法外，还有兜扣、十字花扣、缠扣、反十字花扣、套扣与兜扣加缠等方法，上述方法主要根据绑扎部位的实际需要进行选择，如图4-9所示。其中，平板钢筋网和箍筋处绑扎主要用十字花扣和兜扣方法；混凝土墙体和柱子箍筋的绑扎主要用缠扣方法；而梁骨架的箍筋与主筋的绑扎主要用反十字花扣和兜扣方法；梁的架立钢筋和箍筋的绑扎点处主要用套扣绑扎方法。

(a) 兜扣

(b) 十字花扣

(c) 缠扣

(d) 反十字花扣

(e) 套扣

(f) 兜扣加缠

图 4-9　钢筋的其他绑扎方法

图 4-9 所列的扣样只是一些基本形式，在实际应用时，绑扎方法的选择应当根据所绑扎的部位确定，灵活变通。

4.2.3　钢筋绑扎搭接技术要求

4.2.3.1　搭接连接的位置

（1）布置原则

① 受力较小处。与所有的连接接头一样，搭接连接的位置宜设置在受力较小处，最好布置在反弯点区域。对一般构件而言，弯矩是主要内力，而反弯点附近弯矩不会太大，传力性能稍差的搭接连接布置在此，不会对结构的受力造成明显的影响。具体而言，在梁的跨边 1/4 倍跨度处，或柱的非端部区域，比较适合布置搭接连接接头。

② 回避原则。应当注意的是：钢筋的搭接接头应当避免布置在梁端、柱端（尤其是箍筋加密区）这样的关键受力区域。由于这

里不仅是内力（弯矩、剪力）最大的位置，而且也是地震作用下最容易形成"塑性绞"，发生"倾覆"或上"压溃"的地方。根据设计中钢筋连接接头的"回避原则"，应当避免在该处布置搭接连接。

我国传统的设计、施工习惯，往往在梁端、柱端布置搭接接头，实际这是对结构受力很不利的做法。地震震害的调查一再表明：梁端、柱端是地震中最容易破坏的地方，并且通常还可能由于该处的局部破坏而引起结构的连续倒塌。所以，在这种关键的受力区域设置搭接连接，实在是非常不明智的做法，应当尽快改正。

③ 纵向接头数量。搭接连接不仅削弱了钢筋的传力性能，而且接头的长度也比较大。在一根受力钢筋上设置过多的搭接接头，就会影响到整个构件的受力性能。所以，《混凝土结构设计规范》（2015 年版）（GB 50010—2010）规定："在同一根受力钢筋上宜少设置接头"。

一般的做法，以梁的同一跨度和柱的同一层高为钢筋的纵向受力区域，在该范围内，不宜设置 2 个以上的钢筋连接接头，避免过多地削弱构件的结构性能。

（2）接头面积百分率

① 连接区段。由于钢筋绑扎搭接接头传力性能被削弱，搭接钢筋在横向也应当错开布置。在钢筋的连接接头处，端面的位置应当保持一定间距，避免通过接头的传力集中于同一区域而造成应力集中。搭接钢筋首尾相接的布置形式很不利，会在搭接端面引起应力集中和局部裂缝，应当予以避免。

设计规范定义搭接连接区段为 1.3 倍搭接长度（l_l），而在同一连接区段内还应当控制接头面积百分率。当搭接钢筋接头中心之间的纵向间距不大于 $1.3l_l$（即搭接钢筋端部距离不大于 $0.3l_l$）时，该搭接钢筋均属位于同一连接区段的搭接接头。按照此原则，图 4-10 所示的同一连接区段内的搭接钢筋为 2 根，接头面积百分率为 50%。

② 接头面积百分率。规范对在同一连接区段内的搭接钢筋的接头面积百分率做出了限制，对于梁、板、墙、柱类构件的受拉钢筋搭接接头面积百分率，分别提出了要求。其中，对板类、墙类及柱类构件，尤其是预制装配整体式构件，在实现传力性能的条件

图 4-10 同一连接区段内纵向受拉钢筋绑扎搭接接头

下，可以根据实际情况适当放宽。

当粗、细钢筋在同一区段搭接时，按照较细钢筋的截面积计算
接头面积百分率及搭接长度。这是因为钢筋通过接头传力时，均按
照受力较小的细直径钢筋考虑承载受力，而粗直径钢筋往往有较大
的受力余量。此原则对于其他连接方式也同样适用。

4.2.3.2 搭接长度

（1）搭接长度。受拉钢筋绑扎搭接的搭接长度，是两根钢筋在长度
方向上的重叠部分。钢筋的搭接长度，应当根据锚固长度折算，并反映
接头面积百分率的影响计算而得。根据有关的试验研究及可靠度分析，
并参考国外有关规范的做法，确定了可以保证传力性能的搭接长度。

搭接长度随接头面积百分率的提高而增大。这是由于搭接接头
受力之后，搭接钢筋之间将产生相对滑移。为了使接头在充分受力
的同时，变形刚度不致过差，相对伸长不过大，这就需要相应增大
钢筋搭接的长度。受拉钢筋的搭接长度 l_l 由锚固长度 l_a 乘搭接长
度修正系数 ξ_l 按照下列公式计算。

$$l_l = \xi_l l_a$$

搭接长度修正系数 ξ_l 与接头面积百分率有关，见表 4-3。《混
凝土结构设计》（2015 年版）（GB 50010—2010）规范还规定：当
纵向搭接钢筋接头面积百分率为表中数值的中间值时，修正系数可
以按照内插取值，这比传统定点取值的做法更为合理。例如，当接
头面积百分率为 67% 时，修正系数是 1.47；当接头面积百分率为
75% 时，修正系数是 1.5。

表 4-3 纵向受拉钢筋搭接长度修正系数

纵向搭接钢筋接头面积百分率/%	≤25	50	100
ξ_l	1.2	1.4	1.6

（2）搭接条件的修正。由于搭接长度是由锚固长度折算而得到的，因此计算锚固长度时的修正系数量也同样适用于搭接的情况。其中，如果搭接钢筋的保护层厚度比较大，或搭接钢筋的应力丰度不太高（即实际受力的应力低于设计强度），均可以利用这个修正系数量来减短设计的搭接长度。当然，对于不利的情况，也可能要增加搭接的长度。有关内容详见钢筋锚固设计的相关部分，不再赘述于此。

（3）最小搭接长度。为确保受力钢筋的传力性能，按照接头百分率修正搭接长度之后，为确保安全，还提出了最小搭接长度 300mm 的限制。

4.2.3.3 其他搭接问题

（1）并筋的搭接。并筋（钢筋束）分散、错开的搭接方式有利于各根钢筋内力传递的均匀过渡，改善了搭接钢筋的传力性能及裂缝分布状态。因此，并筋（钢筋束）的各根钢筋应当采用分散、错开搭接的方式实施连接；并按照截面内各根单筋计算搭接长度及接头面积百分率。

（2）受压钢筋的搭接。受压构件中（包括柱、撑杆、屋架上弦等）纵向受压钢筋的搭接长度，规定为受拉钢筋的 0.7 倍。为了防止偏压引起钢筋的屈曲，受压纵向钢筋端头不应设置弯钩，或是采用单侧贴焊锚筋的做法。

4.3 钢筋现场绑扎连接

4.3.1 基础钢筋绑扎

4.3.1.1 绑扎准备

首先将基础垫层清扫干净，用石笔和墨斗在上面画出钢筋位置线，然后按照钢筋位置线，布放基础钢筋。

4.3.1.2　绑扎钢筋

基础四周两行钢筋交叉点应当逐点绑扎牢，中间部分交叉点可以相隔交错扎牢，但必须保证受力钢筋不位移。对于双向主筋的钢筋网，则需将全部钢筋相交点扎牢。相邻绑扎点的钢丝应当扣成八字形，以免网片歪斜变形。

4.3.1.3　设置钢筋撑脚

当基础底板采用双层钢筋网时，在上层钢筋网下面应当设置钢筋撑脚或混凝土撑脚，从而保证钢筋位置正确，钢筋撑脚应垫在下片钢筋网上，如图 4-11 所示。

(a) 钢筋撑脚　　　　　　(b) 撑脚设置

图 4-11　钢筋撑脚

1—上层钢筋网；2—下层钢筋网；3—撑脚；4—水泥垫块

钢筋撑脚的形式和尺寸如图 4-11(a) 所示。图 4-11(a) 所示类型撑脚每隔 1m 放置 1 个。钢筋撑脚直径应按下列要求选用：当板厚 $h \leqslant$ 300mm 时，为 8～10mm；当板厚 $h = 300 \sim 500$mm 时，为12～14mm；当板厚 $h > 500$mm 时，选用图 4-11(b) 所示撑脚，钢筋直径为 16～18mm。沿短向通长布置，间距以能够保证钢筋位置为准。

4.3.1.4　插筋要求

对于现浇柱与基础连接用的插筋，其箍筋应当比柱的箍筋缩小一个柱筋直径，以便连接。插筋位置必须固定牢靠，以免造成柱轴线偏移。

4.3.1.5　设置钢管临时支撑体系

对于厚筏板基础上部钢筋网片，可以采用钢管临时支撑体系。

图 4-12(a)为绑扎上部钢筋网片用的钢管支撑。在上部钢筋网片绑扎完成后，需要置换出水平钢管；为此，应当另取一些垂直钢管，通过直角扣件与上部钢筋网片的下层钢筋连接起来（该处需另用短钢筋段加强），替换原来的支撑体系，如图 4-12(b) 所示。在混凝土浇筑过程中，逐步抽出垂直钢管，如图 4-12(c) 所示。这时，上部荷载可由附近的钢管及上、下端均与钢筋网焊接的多个拉结筋来承受。由于混凝土不断浇筑与凝固，拉结筋细长比减少，从而提高了承载力。

(a) 绑扎上部钢筋网片时　　　(b) 浇筑混凝土前

(c) 浇筑混凝土时

图 4-12　厚片筏上部钢筋网片的钢管临时支撑

1—垂直钢管；2—水平钢管；3—直角扣件；

4—下层水平钢筋；5—待拔钢管；6—混凝土浇筑方向

4.3.1.6　接头设置及绑扎

（1）受力钢筋的接头，宜设置在受力较小处。接头末端至钢筋弯起点的距离应当不小于钢筋直径的 10 倍。

（2）如果采用绑扎搭接接头，则接头相邻纵向受力钢筋的绑扎接头应相互错开。钢筋绑扎接头连接区段的长度为 1.3 倍搭接长度。凡搭接接头中点位于该区段的搭接接头均属于同一连接区段。

位于同一区段内的受拉钢筋搭接接头面积百分率为 25%。

（3）当钢筋的直径 $d>16$mm 时，不宜采用绑扎接头。

（4）纵向受力钢筋采用机械连接接头或焊接接头时，连接区段的长度为 $35d$（d 为纵向受力钢筋直径的较大值）且不小于 500mm。同一连接区段内，纵向受力钢筋的接头面积百分率应符合设计规定，当设计无规定时，应当符合下列规定。

① 在受拉区不宜大于 50%。

② 直接承受动力荷载的基础中，不宜采用焊接接头；当采用机械连接接头时，不应大于 50%。

4.3.1.7　其他要求

（1）钢筋的弯钩应当朝上，不应倒向一边；双层钢筋网的上层钢筋弯钩应当朝下。

（2）独立柱基础为双向弯曲，其底面短向的钢筋应放在长向钢筋的上面。

（3）基础中纵向受力钢筋的混凝土保护层厚度应不小于 40mm，当无垫层时应不小于 70mm。

4.3.2　墙钢筋绑扎

4.3.2.1　绑扎准备

（1）将预留钢筋调直理顺，并将表面砂浆等杂物清理干净。首先立 2~4 根纵向筋，并画好横筋分档标志，然后在下部及齐胸处，绑两根定位水平筋，并在横筋上画好分档标志，然后绑扎其余纵向筋，最后绑扎剩余横筋。如果墙中有暗梁、暗柱时，则应先绑暗梁、暗柱再绑周围横筋。

（2）墙的纵向钢筋每段钢筋长度不宜超过 4m（钢筋直径≤12mm）或 6m（钢筋直径＞12mm），水平段每段长度不宜超过 8m，以利绑扎。

4.3.2.2　墙钢筋绑扎

（1）墙的钢筋网绑扎同基础钢筋绑扎，钢筋的弯钩应朝向混凝土内。

图 4-13　墙钢筋的撑铁

1—钢筋网；2—撑铁

（2）当采用双层钢筋网时，在两层钢筋间应设置撑铁，从而固定钢筋间距。撑铁可以采用直径 6～10mm 的钢筋制成，长度等于两层网片的净距，如图 4-13 所示，间距约为 1m，相互错开排列。

（3）墙的钢筋网绑扎。全部钢筋的相交点均要扎牢，绑扎时，相邻绑扎点的钢丝应扣成八字形，以免网片歪斜变形。

（4）为了控制墙体钢筋保护层厚度，应当采用比墙体竖向钢筋大一型号的钢筋梯子凳，在原位替代墙体钢筋，间距 1500mm 左右。

（5）墙的钢筋，可以在基础钢筋绑扎之后浇筑混凝土前插入基础内。

（6）墙钢筋的绑扎也应在模板安装前进行。

4.3.3　柱子钢筋绑扎

4.3.3.1　套柱箍筋

按图纸要求的间距，计算好每根柱箍筋数量，首先将箍筋套在下层伸出的搭接筋上，然后立柱子钢筋，在搭接长度内，绑扣不少于 3 个，绑扣应当向柱中心。当柱子主筋采用光圆钢筋搭接时，角部弯钩应当与模板成 45°，中间钢筋的弯钩应当与模板成 90°。

4.3.3.2　搭接绑扎竖向受力筋

在柱子主筋立起后，绑扎接头的搭接长度、接头面积百分率应符合设计要求。

4.3.3.3　画箍筋间距线

在立好的柱子竖向钢筋上，按图纸要求用粉笔划箍筋间距线。

4.3.3.4　柱箍筋绑扎

（1）按照已画好的箍筋位置线，将已套好的箍筋往上移动，由上往下绑扎，宜采用缠扣绑扎。

（2）箍筋与主筋要垂直，箍筋转角处与主筋交点均要绑扎，主筋与箍筋非转角部分的相交点成梅花交错绑扎。

（3）箍筋的弯钩叠合处，应当沿柱子竖筋交错布置，并绑扎牢固，如图 4-14 所示。

（4）对于有抗震要求的地区，柱箍筋端头应当弯成 135°，平直部分长度应不小于 10d（d 为箍筋直径），如图 4-15 所示。如箍筋采用 90°搭接，搭接处应当焊接，焊缝长度单面焊缝不小于 10d。

图 4-14　柱箍筋交错布置示意　　　　图 4-15　箍筋抗震要求示意
1—柱竖筋；2—箍筋　　　　　　　　　d—箍筋直径

（5）柱基、柱顶、梁柱交接处箍筋间距应当按照设计要求加密。柱上、下两端箍筋应当加密，加密区长度及加密区内箍筋间距应当符合设计图纸要求。当设计要求箍筋设拉筋时，拉筋应当钩住箍筋，如图 4-16 所示。

(a) 拉筋布置形式一　　(b) 拉筋布置形式二　　(c) 拉筋钩住箍筋
图 4-16　拉筋布置示意
1—拉筋；2—箍筋；3—柱竖筋

（6）柱筋的保护层厚度应当符合规范要求，主筋外皮为 25mm，垫块应绑在柱竖筋外皮上，间距为 1000mm，以保证主筋保护层厚度准确。当柱截面尺寸有变化时，柱应在板内弯折，弯后的尺寸应当符合设计要求。

4.3.4　梁钢筋绑扎

4.3.4.1　绑扎准备

（1）核对图纸，严格按施工方案组织绑扎工作。

（2）在梁侧模板上画出箍筋间距，摆放箍筋。

4.3.4.2　梁钢筋绑扎

（1）首先穿主梁的下部纵向受力钢筋与弯起钢筋，将箍筋按照已画好的间距逐个分开；然后穿次梁的下部纵向受力钢筋及弯起钢筋，并套好箍筋；放主次梁的架立筋；隔一定间距，将架立筋与箍筋绑扎牢固；调整箍筋间距，使间距符合设计要求，绑架立筋，再绑主筋，主次梁同时配合进行。

（2）框架梁上部纵向钢筋应贯穿中间节点，梁下部纵向钢筋伸入中间节点，锚固长度不应当小于 l_{aE}，且伸过中心线不应当小于 $5d$（d 为钢筋的直径）的长度要求。框架中间层的端节点处，框架梁上部纵向筋在端节点的锚固长度除不应小于 l_{aE} 外，弯折前的水平投影长度不应当小于 $0.4l_{aE}$，弯折后的竖直投影长度应取 1.5 倍的梁纵向钢筋直径。梁下部纵向筋在中间层端节点中的锚固措施与梁上部纵向筋相同，但竖直线段应当向上弯入节点，如图 4-17 所示。

（3）梁上部纵向筋的箍筋，宜用套扣法绑扎。

（4）梁钢筋的绑扎与模板安装之间的配合关系如下。

① 当梁的高度较小时，梁的钢筋架空在梁顶上绑扎，然后再落位。

② 当梁的高度较大（大于等于 1.0m）时，梁的钢筋宜在梁底模上绑扎，其两侧模或一侧模后装。

（5）梁板钢筋绑扎时，应当防止水电管线将钢筋抬起或压下。

（6）板、次梁与主梁交叉处，板的钢筋在上，次梁的钢筋居中，主梁的钢筋在下，如图 4-18 所示；当有圈梁或垫梁时，主梁的钢筋在上，如图 4-19 所示。

(a) 纵筋在端支座直锚构造(一至四级抗震等级)

(b) 一、二级抗震等级楼层框架梁

图 4-17 框架梁钢筋绑扎锚固示意

（7）当框架节点处钢筋穿插十分稠密时，应注意梁顶面主筋间的净距要有 30mm，以利浇筑混凝土。

（8）箍筋在叠合处的弯钩，在梁中应当交错绑扎，箍筋弯钩为 135°，平直部分长度为 10d（d 为箍筋直径）。若做成封闭箍时，单面焊缝长度为 5d（d 为箍筋直径）。

（9）梁端第一个箍筋应当设置在距离柱节点边缘 50mm 处。

图 4-18　板、次梁与主梁交叉处钢筋
a—板的钢筋；b—次梁钢筋；c—主梁钢筋

图 4-19　主梁与垫梁交叉处钢筋
a—主梁钢筋；b—垫梁钢筋

梁端与柱交接处箍筋应当加密，其间距与加密区长度均应符合设计要求。

（10）在主、次梁受力筋下均应垫垫块（或塑料卡），保证保护层的厚度。当受力筋为双排时，可以采用短钢筋垫在两层钢筋之间，钢筋排距应符合设计要求。

4.3.5　板钢筋绑扎

4.3.5.1　绑扎准备

（1）清理模板上面的杂物，用粉笔在模板上画好主筋、分布筋间距。

(2) 按照画好的间距,先摆放受力主筋、后放分布筋。预埋件、电线管、预留孔等,应当及时配合安装。

4.3.5.2 板钢筋绑扎

(1) 在现浇板中有板带梁时,应当先绑板带梁钢筋,然后摆放板钢筋。

(2) 绑扎板筋时,一般用顺扣或八字扣,除了外围两根钢筋的相交点应全部绑扎外,其余各点可以交错绑扎(双向板相交点需全部绑扎)。若板为双层钢筋,则两层钢筋之间应当加设钢筋撑脚,以确保上部钢筋的位置。负弯矩钢筋每个相交点均应绑扎。

(3) 在钢筋的下面垫好砂浆垫块,间距 1.5m。垫块的厚度等于保护层厚度,应当满足设计要求,若设计无要求时,板的保护层厚度应为 15mm。钢筋搭接长度与搭接位置的要求与前面所述梁相同。

4.3.6 肋形楼盖钢筋绑扎

(1) 处理好主梁、次梁与板三者的关系。

(2) 当纵向受力钢筋采用双排布置时,两排钢筋之间宜垫以直径≥25mm 的短钢筋,以保持其间距。

(3) 箍筋的接头应当交错布置在两根架立钢筋上。

(4) 板上的负弯矩筋,应当严格控制其位置,防止被踩下移。

(5) 板、次梁与主梁的交叉处,板的钢筋在上,次梁的钢筋居中,主梁的钢筋在下。当有圈梁或梁垫与主梁连接时,主梁的钢筋在上。

4.3.7 现浇悬挑雨篷钢筋绑扎

4.3.7.1 雨篷配筋图示

由于雨篷板为悬挑式构件,其板的上部受拉、下部受压。所以,雨篷板的受力筋配置在构件断面的上部,并将受力筋伸进雨篷梁内,如图 4-20 所示。

图 4-20　雨篷配筋（单位：mm）

4.3.7.2　绑扎要点

（1）主、负筋位置应当摆放正确，不可放错。

（2）雨篷梁与板的钢筋应当保证锚固尺寸。

（3）雨篷钢筋骨架在模内绑扎时，严禁脚踩在钢筋骨架上进行绑扎。

（4）钢筋的弯钩应当全部向内。

（5）由于雨篷板的上部受拉，所以受力筋在上，分布筋在下，切勿颠倒。

（6）雨篷板双向钢筋的交叉点均应绑扎，钢丝方向成八字形。

（7）应当垫放足够数量的钢筋撑脚，确保钢筋位置的准确。

（8）高处作业时，应当注意安全。

4.3.8　楼梯钢筋绑扎

楼梯钢筋骨架通常是在底模板支设后进行绑扎，如图 4-21 所示。

（1）在楼梯底板上，画出主筋和分布筋的位置线。

（2）钢筋的弯钩应全部向内，严禁踩在钢筋骨架上进行绑扎。

（3）根据设计图纸中主筋、分布筋的方向，先绑扎主筋后绑扎分布筋，每个交点均应绑扎。当有楼梯梁时，则应先绑梁，后绑板筋。板筋应当锚固到梁内。

（4）待底板筋绑完，踏步模板吊绑支好后，再绑扎踏步钢筋。

主筋接头数量和位置均应符合设计和施工质量验收规范的规定。

图 4-21　现浇钢筋混凝土楼梯（单位：mm）

4.3.9　钢筋过梁绑扎

钢筋混凝土过梁配筋图如图 4-22 所示。

(a) 侧视图　　　　(b) 截面图

图 4-22　过梁配筋图

（1）绑扎顺序：支设绑扎架→划钢筋间距点→绑扎成型。

（2）操作要点

① 过梁钢筋在马凳式绑扎架上进行。两绑扎架组成工作架时，应互相平行，如图 4-23 所示。

② 在绑扎时，纵向钢筋的间距点划在两端绑扎架的横杆上，横向联合向钢筋的间距点划在两侧的纵向钢筋上。

图 4-23　马凳式钢筋绑扎架

③ 采用一面顺扣法绑扎成型。绑扎钢丝缠绕方向应互相变换，互相垂直。绑扎钢丝头应弯向受压区，不应弯向保护层。

④ 绑扎完毕后，检查整体尺寸是否与模板尺寸相适应，间距尺寸是否符合要求。

4.3.10　牛腿柱钢筋骨架绑扎

（1）钢筋绑扎顺序：绑扎下柱钢筋→绑扎牛腿钢筋→绑扎上柱钢筋。

（2）操作要点

① 在搭接长度内，绑扣要向柱内，便于箍筋向上移动。

② 柱子主筋若有弯钩，弯钩应朝向柱心。

③ 绑扎接头的搭接长度，应符合设计要求和规范规定。

④ 牛腿部位的箍筋应按照变截面计算加工尺寸。

⑤ 结构为多层时，下层柱的钢筋露出露面部分，宜用工具式柱箍将其收进一个柱主筋直径，以便于上下层钢筋的连接。

⑥ 牛腿钢筋应放在柱的纵向钢筋内侧。现浇牛腿配筋如图4-24所示。

4.3.11　地下室（箱形基础）钢筋绑扎

绑扎地下室钢筋前，应将查对好的成型钢筋运至地下底板上，应分部位、按规格型号堆放。地下室（箱形基础）钢筋绑扎顺序：运钢筋→绑扎钢筋→绑扎底板钢筋→绑墙钢筋。

（1）梁钢筋绑扎

图 4-24　牛腿柱配筋

① 梁钢筋绑扎顺序：将梁架立筋两端架在骨架绑扎架上→画箍筋间距→绑箍筋→穿梁下层纵向受力主筋→下层主筋与箍筋绑牢→抽出骨架绑扎架，骨架落在梁位置线上→安放垫块。

② 操作要点。箍筋弯钩的叠合处应交错绑扎。如果纵向钢筋采用双排时，两排钢筋之间应垫以直径 25mm 的短钢筋。

（2）底板钢筋绑扎

① 底板钢筋绑扎顺序：画底板钢筋间距→摆放下层钢筋→绑扎下层钢筋→摆放钢筋马凳（钢筋支架）→绑上层纵横两个方向定位钢筋→画其余钢筋间距→穿设钢筋→绑扎→安放垫块。

② 施工要点。底板如有基础梁，可分段绑扎成型，然后安装就位或根据梁位置线就地绑扎成型。

在绑扎钢筋时，除靠近外围两行的交叉点全部绑扎外，中间部位的交叉点可相隔交错扎牢，但要保证受力钢筋不位移。双向受力的钢筋不得跳扣绑扎。

底板上下层钢筋有接头时，按规范要求错开，其位置和搭接长度均要符合规范和设计要求。钢筋搭接处，应在中心和两端按规定用钢丝扎牢。

墙、柱主筋插铁伸入基础深度应符合设计要求。根据弹好的墙、柱位置，将预留插筋绑扎固定牢固，以确保位置准确，在必要时，可附加钢筋电焊焊牢墙筋。

（3）墙筋绑扎

① 墙筋绑扎顺序参考墙板钢筋的绑扎顺序。

② 操作要点

a. 在底板混凝土上放线后应再次校正预埋插筋，根据插筋位移的程度按规定认真处理。墙模板应采取"跳间支模"，以便钢筋施工。

b. 墙筋应逐点绑扎，其搭接长度及位置要符合设计和规范要求。

c. 双排钢筋之间应绑支撑、拉筋，间距1000mm左右，以确保双排钢筋之间距离。

d. 为了保证门窗标高位置正确，在洞口竖筋上画标高线。洞口处要按设计要求绑附加钢筋，门洞口连梁两端锚入墙内长度要符合设计要求。

e. 各连接点的抗震构造钢筋及锚固长度，均应按照设计要求进行绑扎，如首层交界处的受力筋锚固长度等部位绑扎时要特别注意设计图纸要求。

f. 配合其他工种安装预埋管件、预留洞口，其位置、标高均应符合设计要求。

4.3.12 烟囱钢筋绑扎

（1）基础钢筋的绑扎

① 环形及圆形基础。待垫层混凝土浇筑完成并达到一定强度后，即可放线。放线一般习惯放模板线（即基础混凝土的外圈及内圈线），但为了确保筒壁基础插筋的正确，也应在垫层上测定基础环壁筋内外圈的墨线。为了坡度的正确，应把±0.000标高处的烟囱基础环壁的投影线也弹出来，这样才能保证钢筋位置正确。为了

辐射筋位置的正确，除给出"十"字线外，最好再按 45°或 30°弹上墨线。在绑扎时，主副筋的位置应按 1/4 错开，相交点处用 18～20 号钢丝绑扎牢固。为了确保筒壁基础插筋位置的正确，除依靠弹线外，还应在其杯口的上部和下部绑扎 2～3 道固定圈，固定圈可按照其所在位置的设计半径制作。固定圈的垂直投影，应符合垫层上所弹之墨线。

② 壳体基础。小型壳体基础钢筋的绑扎，可在木胎模上绑扎成罩形钢筋网，然后运往现场进行安装。大型壳体的钢筋宜在现场绑扎，如果有条件尽量采用焊接钢筋网。施工方法和环行基础相同。先在砂浆找平层上按放射形钢筋的位置画上墨线作为布筋时的依据，环行钢筋可按其半径弯成弧形。

③ 钢烟囱基础。钢烟囱基础的形式和构造均与钢筋混凝土烟囱的基础相同，只是需要在与筒身连接处留插筋、钢板或螺栓。施工方法无特殊要求。

（2）钢筋混凝土烟囱筒身钢筋的绑扎。烟囱筒身的钢筋配筋较为简单，由垂直竖筋与水平环筋所组成。其绑扎顺序为先竖筋后环筋，竖筋与基础或下节筒壁伸出的钢筋相接。绑扎接头在同一水平截面上，一般为筒壁全圆周钢筋总数的 25%。

每根竖筋的长度，常按筒壁施工节数高度的倍数进行计算，一般为 5m 加钢筋接头搭接长度。

竖筋绑扎后即绑扎环筋，一般直径 18mm 以上的钢筋，应先按设计要求加工成弧形，直径 16mm 以下的钢筋，则在绑扎时随时弯曲。在同一竖直截面上环筋的绑扎接头数，一般不应超过其总数的 25%，因此在环筋配制和绑扎时均应满足上述要求。

在钢筋绑扎的同时随即绑好钢筋保护层垫块。待钢筋和垫块全部绑完后，需要对保护层做一次检查调整，以符合设计和规范要求为准。在筒壁施工过程中对标准环筋的周长，应经常及时地进行校核。

烟囱采用滑模施工时，钢筋加工不宜过长，竖筋按 4～5m 再加搭接长度进行下料加工，环筋以 6～7m 长度为宜。在采用双滑工艺时，烟囱口的钢筋由于悬臂钢筋过长，也可分段错开搭接或采用焊接。

（3）采用滑模工艺钢筋安装操作要点

① 钢筋绑扎应和混凝土浇筑交错进行，以加快滑模的进度。

② 钢筋的直径、数量、间距、保护层厚度等应予以检查使之符合设计的要求。

③ 竖筋的接头可采用绑扎连接或竖向碰焊、电渣焊连接。

④ 每榀提升门架上设置一个钢筋位置调节器，用以调节钢筋保护层的厚度。

⑤ 烟道口竖筋很长时，可搭设井字架予以架立，烟道口的上口环梁筋分层绑扎。筒首环梁钢筋要加强，以防油污污染（千斤顶、油管接头漏油钢筋表面的油迹用棉纱擦干）。

⑥ 停滑时应安装好上层钢筋。

⑦ 钢筋保护层误差：＋20mm，－10mm。

（4）注意事项

① 烟囱施工不单独设钢筋加工场，宜由现场统一集中进行加工，分批运至烟囱施工区的堆料场内。

② 筒壁设计为双层配筋时，水平圈筋的设置，应尽量便于施工。采取内侧水平圈筋绑在内侧立筋的里侧，外侧水平圈筋绑在外侧的竖筋之外。

4.4　钢筋网片、钢筋骨架预制绑扎与安装

4.4.1　钢筋网片预制绑扎

钢筋网片的预制绑扎多用于小型构件。其绑扎工作多在平地上或工作台上进行，其绑扎形式如图 4-25 所示。

一般大型钢筋网片预制绑扎的操作程序见图 4-26。

图 4-25 绑扎钢筋网片

图 4-26 一般大型钢筋网片预制绑扎的操作程序

钢筋网片若为单向主筋时，只需要将外围两行钢筋的交叉点逐点绑扎，而中间部位的交叉点可以隔根呈梅花状绑扎；如果为双向主筋时，应当将全部的交叉点绑扎牢固。相邻绑扎点的钢丝扣要成人字形，避免网片歪斜变形。

4.4.2 钢筋骨架预制绑扎

4.4.2.1 绑扎要求

绑扎钢筋骨架必须使用钢筋绑扎架，钢筋绑扎架构造是否合理将直接影响着绑扎效率与操作安全。

当绑扎轻型骨架（如小型过梁等）时，通常选用单面或双面悬挑的钢筋绑扎架。这种绑扎架的钢筋和钢筋骨架，在绑扎操作时，其穿、取、放、绑扎均比较方便。当绑扎重型钢筋骨架时，可采用两个三脚架担一光面圆钢组成一对，并由几对三脚架组成一组钢筋绑扎架。由于这种绑扎架是由几个单独的三脚架组成，使用比较灵活，可调节高度与宽度，稳定性较好，因此可确保操作安全。

4.4.2.2　绑扎步骤

钢筋骨架预制绑扎操作步骤（以大梁为例）如图 4-27 所示。

(a) 第一步

(b) 第二步

(c) 第三步

图 4-27　简支梁钢筋骨架绑扎顺序

（1）首先布置钢筋绑扎架，安放横杆，并将梁的受拉钢筋与弯起钢筋置于横杆上，受拉钢筋弯钩及弯起钢筋的弯起部分朝下。

（2）然后从受力钢筋中部，向两边按设计要求标出箍筋的间距，将全部箍筋自受力钢筋的一端套入，并按照间距摆开，与受力钢筋绑扎在一起。

（3）最后，绑扎架立钢筋。升高钢筋绑扎架，穿入架立钢筋，并随即与箍筋绑扎牢固。抽去横杆，钢筋骨架落地、翻身，即为预制好的大梁钢筋骨架。

4.4.3 绑扎钢筋网（骨架）安装

（1）单片或单个的预制钢筋网（骨架）的安装较为简单，只要在钢筋入模后，按照规定的保护层厚度垫好垫块，即可以进行下一道工序。但当多片或多个预制的钢筋网（骨架）（尤其是多个钢筋骨架）在一起组合使用时，则需注意节点相交处的交错和搭接。

（2）钢筋网与钢筋骨架应当分段（块）安装，其分段（块）的大小、长度应当按照结构配筋、施工条件、起重运输能力来确定。通常钢筋网的分块面积为 $6 \sim 20\text{m}^2$，钢筋骨架的分段长度为 $6 \sim 12\text{m}$。

（3）钢筋网与钢筋骨架，为了防止在运输和安装过程中发生歪斜变形，应当采取临时加固措施，如图 4-28 和图 4-29 所示。为了确保吊运钢筋骨架时吊点处钩挂的钢筋不变形，在钢筋骨架内的挂吊钩处设置短钢筋，将吊钩挂在短钢筋上，这样可以不用兜吊，既有效地防止了骨架变形，又防止了骨架中局部钢筋的变形，如图 4-30 所示。

图 4-28 绑扎钢筋网的临时加固

1—钢筋网；2—加固钢筋

图 4-29　绑扎骨架的临时加固　　　图 4-30　加短钢筋起吊钢筋骨架
1—钢筋骨架；2—加固筋

　　另外，在搬运大钢筋骨架时，还要根据骨架的刚度情况，决定骨架在运输中的临时加固措施。如截面高度较大的骨架，为了防止其歪斜，可以用细钢筋进行拉结；柱骨架通常刚度较小，因此除采用上述方法外，还可以用细竹竿、杉杆等临时绑扎加固。

　　（4）钢筋网与钢筋骨架的吊点，应当根据其尺寸、质量及刚度而定。宽度大于 1m 的水平钢筋网宜采用四点起吊，跨度小于 6m 的钢筋骨架宜采用两点起吊。跨度大，刚度差的钢筋骨架宜采用横吊梁（铁扁担）四点起吊。为了防止吊点处钢筋受力变形，可以采取兜底吊或加短钢筋。

　　（5）吊装节点应当根据钢筋骨架大小、形状、质量及刚度而定。由施工员确定起吊节点。

4.5　钢筋焊接网搭接与安装

4.5.1　一般规定

　　（1）焊接骨架和焊接网的搭接接头，不宜位于构件和最大弯矩处，焊接网在非受力方向的搭接长度宜为 100mm；受拉焊接骨架和焊接网在受力钢筋方向的搭接长度应当符合设计规定；受压焊接骨架和焊接网在受力钢筋方向的搭接长度，可以取受拉焊接骨架和焊接网在受力钢筋方向的搭接长度的 0.7 倍。

(2) 在梁中，焊接骨架的搭接长度内应当配置箍筋或短的槽形焊接网。箍筋或是网中的横向钢筋间距不得大于 $5d$（d 为钢筋直径）。对轴心受压或偏心受压构件中的搭接长度内，箍筋或横向钢筋的间距不得大于 $10d$。

(3) 在构件宽度内有若干焊接网或焊接骨架时，其接头位置应当错开。在同一截面内搭接的受力钢筋的总截面面积不得超过受力钢筋总截面面积的 50%；在轴心受拉及小偏心受拉构件（板和墙除外）中，不得采用搭接接头。

(4) 焊接网在非受力方向的搭接长度宜是 100mm。

(5) 焊接网和焊接骨架沿受力钢筋方向的搭接接头，宜位于构件受力较小的部位，如承受均布荷载的简支受弯构件，焊接网受力钢筋接头宜放置在跨度两端各 1/4 跨长范围之内。

(6) 受力钢筋直径≥16mm 时，焊接网沿分布钢筋方向的接头宜辅以附加钢筋网，其每边的搭接长度为 $5d$（d 是分布钢筋直径），但不小于 100mm。

4.5.2 搭接方法

(1) 叠搭法。一张网片叠在另一张网片上的搭接方法，如图 4-31 所示。

图 4-31 叠搭法
1—纵向钢筋；2—横向钢筋

(2) 平搭法。一张网片的钢筋镶入另一张网片，使两张网片的纵向与横向钢筋各自在同一平面内的搭接方法，如图 4-32 所示。

(a) 搭接前

(b) 搭接后

图 4-32 平搭法

1—纵向钢筋；2—横向钢筋

（3）扣搭法。一张网片扣在另一张网片上，使横向钢筋在一个平面内、纵向钢筋在两个不同平面内的搭接方法，如图 4-33 所示。

图 4-33 扣搭法

1—纵向钢筋；2—横向钢筋

4.5.3 安装要求

（1）钢筋焊接网运输时应当捆扎整齐、牢固，每捆质量不宜超过 2t，在必要时应当加刚性支撑或支架。

（2）进场的钢筋焊接网宜按施工要求堆放，并应当有明显的标志。

（3）附加钢筋宜在现场绑扎，并应当符合现行国家标准《混凝土结构工程施工质量验收规范》（GB 50204—2015）的有关规定。

（4）对两端需插入梁内锚固的焊接网，当网片纵向钢筋较细时，可以利用网片的弯曲变形性能，先将焊接网中部向上弯曲，使两端能先后插入梁内，然后铺平网片；当钢筋较粗焊接网不能弯曲时，可以将焊接网的一端少焊 1～2 根横向钢筋，先插入该端，然后退插另一端，必要时可以采用绑扎方法补回所减少的横向钢筋。

（5）钢筋焊接网安装时，下部网片应当设置与保护层厚度相当的塑料卡或水泥砂浆垫块；板的上部网片应当在接近短向钢筋两端，沿长向钢筋方向每隔 600～900mm 设一钢筋支架，如图 4-34 所示。

(a) 俯视图　　　　　　　　　　　　(b) 1—1 截面图

图 4-34　上部钢筋焊接网的支墩

1—长向钢筋；2—支墩；3—短向钢筋；4—梁

4.6　钢筋绑扎搭接常见问题与解决方法

4.6.1　钢筋搭接不规范

（1）钢筋搭接不规范的主要表现。施工现场钢筋搭接不规范主要表现在：钢筋搭接时绑扎不到位；钢筋搭接错误；钢筋搭接长度不够。

（2）产生原因。现场工人对于钢筋绑扎搭接规范不了解；搭接不符合施工规范要求；钢筋搭接接头未错开；绑扎长度不够。

（3）解决方法。施工过程中应有专业的技术人员进行指导施工，在施工时应当认真地进行技术交底。对于钢筋普通绑扎搭接，应当按照以下几点进行操作和控制。

① 同一构件中相邻纵向受力钢筋的绑扎搭接接头宜相互错开。绑扎搭接接头中钢筋的横向净距不应小于钢筋直径，且不应当小于

25mm。钢筋绑扎搭接接头连接区段的长度为 $1.3l_l$（l_l 为搭接长度），凡搭接接头中点位于该连接区段长度内的搭接接头都属于同一连接区段。同一连接区段内，纵向钢筋搭接接头面积百分率为该区段内有搭接接头的纵向受力钢筋截面面积与全部纵向受力钢筋截面面积的比值。

② 同一连接区段内，纵向受拉钢筋搭接接头面积百分率应符合设计要求；当设计没有具体要求时，应当符合以下规定：

a. 对梁类、板类及墙类构件，不宜大于 25%；

b. 对柱类构件，不宜大于 50%；

c. 当工程中确有必要增大接头面积百分率时，对梁类构件，不应当大于 50%；对其他构件，可以根据实际情况放宽。

4.6.2　钢筋绑扎不合格

（1）钢筋绑扎不合格主要表现。施工现场中钢筋绑扎出现的问题具体表现：钢筋绑扎混乱；梁水平筋间距过大；绑扎不到位；墙筋未调直。

（2）产生原因。现场施工人员质量意识淡薄，各工种交叉作业，且不遵守相应的施工规范，导致出现大面积的钢筋绑扎不合格。在实际施工过程中，应当对施工班组进行严格的岗前教育与培训，并下发技术交底，确保钢筋绑扎的规范性。

（3）解决方法。施工现场钢筋绑扎可参考以下几方面进行控制和解决。

① 操作工艺

a. 将基础垫层清扫干净，用石笔和墨斗在上面弹放钢筋位置线。

b. 按照钢筋位置线布放基础钢筋。

c. 绑扎钢筋。四周两行钢筋交叉点应当每点绑扎牢。中间部分交叉点可相隔交错扎牢，但必须确保受力钢筋不位移。双向主筋的钢筋网，则需要将全部钢筋相交点扎牢。相邻绑扎点的钢丝扣成八字形，避免网片歪斜变形。

d. 大底板采用双层钢筋网时，在上层钢筋网下面应设置钢筋撑脚或混凝土撑脚，以确保钢筋位置正确，钢筋撑脚下应垫在下层钢筋网上。撑脚沿短向通长布置，间距以确保钢筋位置为准。

e. 钢筋的弯钩应当朝上，不要倒向一边；双钢筋网的上层钢筋弯钩应当朝下。

f. 独立基础为双向弯曲，其底面短向的钢筋应当放在长向钢筋的上面。

g. 现浇柱与基础连用的插筋，其箍筋应当比柱的箍筋小一个柱筋直径，以便连接。箍筋的位置一定要绑扎固定牢靠，避免造成柱轴线偏移。

h. 基础中纵向受力钢筋的混凝土保护层厚度不应当小于40mm，当无垫层时不应当小于700mm。

i. 钢筋的连接应当遵循规定。

ⅰ. 钢筋连接的接头宜设置在受力较小处。接头末端至钢筋弯起点的距离不应当小于钢筋直径的10倍。

ⅱ. 如果采用绑扎搭接接头，则纵向受力钢筋的绑扎接头宜相互错开；钢筋绑扎接送连接区段的长度为1.3倍搭接长度；凡搭接接头中点位于该区段的搭接接头均属于同一连接区段；位于同一区段内的受拉钢筋搭接接头面积百分率为25%。

ⅲ. 当钢筋的直径 $d > 16mm$ 时，不宜采用绑扎接头。

ⅳ. 纵向受力钢筋采用机械连接接头或焊接接头时，连接区段的长度是 $35d$（d 为纵向受力钢筋直径的较大值）且不小于50mm。同一连接区段内，纵向受力钢筋的接头面积百分率应当符合设计规定，当设计无规定时，应当符合下列规定：

第一，在受拉区不宜大于50%；

第二，直接承受动力荷载的基础中，不宜采用焊接接头；当采用机械连接接头时，不应大于50%。

j. 基础钢筋的若干规定

ⅰ. 当条形基础的宽度 $B \geqslant 1600mm$ 时，横向受力钢筋的长度可减至 $0.9B$，且应当交错布置。

ⅱ. 当单独基础的边长 $B \geqslant 3000mm$（除基础支承在桩上外）

时，受力钢筋的长度可以减至 0.9B，且应当交错布置。

k. 基础浇筑完毕之后，将基础上预留墙柱插筋扶正理顺，确保插筋位置准确。

l. 承台钢筋绑扎前，一定要确保桩基伸出钢筋到承台的锚固长度。

② 质量标准

a. 主控项目。基础钢筋绑扎时，受力钢筋的品种、级别、规格和数量必须符合设计要求。

检查数量：全数检查。

检验方法：观察、钢尺检查。

b. 一般项目。构件钢筋绑扎的允许偏差和检验方法应当符合表 4-4 规定。

检查数量：在同一检验批内，独立基础应当抽查构件数量的 10%，且不少于 3 件，筏板基础可以按纵、横轴线划分检查面，抽查 10%，且不少于 3 面。

表 4-4　构件钢筋绑扎的允许偏差和检验方法

项　目	允许偏差/mm		检验方法
绑扎钢筋网长、宽	±10		钢尺检查
网眼的尺寸	±20		钢尺量连续 3 挡，取最大值
绑扎钢筋骨架	长	±10	钢尺检查
	宽、高	±5	钢尺检查
受力钢筋	间距	±10	钢尺量两端、中间
	排距	±5	各一点取最大值
保护层厚度	±10		钢尺检查
绑扎箍筋、横向钢筋间距	±20		钢尺量连续 3 挡，取最大值
钢筋弯起点位置	20		钢尺检查
预埋件	中心线位置	5	钢尺检查
	水平高差	+3，-0	预埋件钢和塞尺检查
绑扎缺扣、松扣数量	不超过扣数的 10%，且不应集中		观察和手扳检查
弯钩和绑扎接头	弯钩朝向应正确。任一绑扎接头的搭接长度均不应小于规定值，且不应大于规定值的 5%		观察和尺量检查
箍筋	数量符合设计要求，弯钩角度和平直长度应符合规定		观察和尺量检查

③ 成品保护

a. 钢筋绑扎完后，应当采取保护措施，防止钢筋的变形、位移。

b. 浇筑混凝土时，应当搭设上人和运输通道，禁止直接踩压钢筋。

c. 浇筑混凝土时，严禁碰撞预埋件，如碰动应当在设计位置重新固定好。

d. 各工种操作人员不准任意扳动切割钢筋。

（4）防治措施

① 钢筋的品种和质量必须符合设计要求和有关标准规定。

② 钢筋绑扎允许偏差值符合规范要求，合格率控制在90%以上。预埋管、预埋线应当先埋置正确、固定牢靠。

③ 钢筋工程施工前必须按照设计图纸提出配料清单，同时满足设计要求。搭设长度、弯钩等符合设计及施工规范的规定，品种、规格需要代换时，征得设计单位的同意，并办妥手续。

④ 所用钢筋具有出厂质量证明，对各钢厂的材料均进行抽样检查，并附有复试报告，未经验收不得使用，并且做好钢筋的待检、已检待处理、合格和不合格的标识。

⑤ 钢筋成品与半成品进场必须附有出厂合格证及物理试验报告，进场后必须挂牌，按照规格分别堆放，并做标牌标识。

⑥ 在施工时，要对钢筋进行复试，合格后方可以投入使用。

⑦ 对钢筋要重点验收，柱的插筋要采用加强箍电焊固定，防止浇混凝土时移位。

⑧ 验收重点为钢筋的品种、规格、数量、绑扎牢固、搭接长度等，并认真填写隐蔽工程验收单交监理验收。

4.6.3 地梁主次梁钢筋绑扎安装不正确

（1）地梁主次梁钢筋绑扎安装不正确的主要表现。施工现场中地梁主次梁钢筋绑扎安装有误的具体表现为：主次梁钢筋的主筋位置有误；梁上部主筋在支座处接头，按照标准图集要求，梁主筋可在支座内锚固，但不得接头；主梁纵向钢筋下料长度不够，使次梁一半受力钢筋悬空；箍筋间距不太均匀。

（2）产生原因。施工的过程中没有很好地进行技术交底；现场技术人员指导不到位或是钢筋绑扎工人对工艺不熟悉、操作不当；对于标准图集认识有误，这些均会导致绑扎错误。

（3）解决方法。发生上述错误时，只能拆掉后重新绑扎。最重要的一处错误是梁上部主筋在支座处接头。按照图集要求，梁主筋可以在支座内锚固，但无法接头。

底板主次梁的绑扎：地梁受力系统是反受力系统（相对于楼板受力），是将地基承载力看成是反向作用在地梁上的受力模型，所以，对地梁主次梁交接处来说，应当将次梁钢筋放在主梁钢筋的下部，形成"扁担原理"。此外，地梁上部负筋不能在支座和弯矩最大处连接。

4.6.4 柱子钢筋绑扎不规范

（1）柱子钢筋绑扎不规范主要表现为柱筋钢筋遭破坏（图4-35）、主筋绑扎不到位。柱子钢筋绑扎不规范，会影响工程质量。

图4-35 柱筋钢筋遭破坏

（2）产生原因。柱子钢筋绑扎差，而且不注意成品保护，容易造成较多破坏，严重影响工程质量。

（3）解决方法。必须将柱筋全部拆除之后，按照规范要求认真重新绑扎，对于间距、箍筋的布置等，一定要严格要求，切不可马虎大意。在钢筋绑扎完成之后，还要注意后期的成品保护，避免柱子钢筋被破坏。

（4）防治措施

① 柱箍筋的个数根据图纸要求确定，第一根箍筋距两端50mm开始设置。

② 在立筋上画箍筋位置线，然后从上往下采用缠扣法绑扎。

③ 箍筋的接头应当沿柱子立筋交错布置绑扎，箍筋与立筋要垂直，绑扣丝头应向里。

④ 暗柱箍筋与墙筋绑扎要求：暗柱箍筋与墙水平筋错开20mm以上，不得并在一起。

⑤ 搭接长度不小于 $45d$（d 为钢筋直径），搭接处应当确保有三根水平筋。绑扎范围不少于三个扣。墙体立筋截面积50％错开，其错开距离不小于相邻接头中到中1.3倍搭接长度。

⑥ 墙体水平筋节点要求相邻绑扎接头错开。

4.6.5　三角桩承台钢筋安装绑扎不合格

（1）三角桩承台钢筋安装绑扎不合格主要表现。如图4-36所示，三角桩承台钢筋的安装绑扎错误，钢筋摆向不对；钢筋锚固长度不符《建筑桩基技术规范》（JGJ 94—2008）。

（2）产生原因。施工人员责任心不到位，钢筋绑扎未按照规范要求施工，导致钢筋绑扎不合格。

（3）解决方法。绑扎错误的应及时和相关技术人员进行沟通，看是否能够有整改的方法；如果错误较大无法整改，只能将其拆除重新进行绑扎。

① 三角桩的钢筋布置可以参考图4-37进行。

② 按照《建筑桩基技术规范》（JGJ 94—2008）钢筋的方向应当是平行三条边布置的，桩的直径小于等于800mm的时候桩头锚入承台50mm。

图 4-36　三角桩承台钢筋绑扎错误

　　通常而言，对于此类钢筋的布置、绑扎，当设计图纸有具体规定时，按照设计图纸进行施工，如果没有具体的设计图，则按照《建筑桩基技术规范》（JGT 94—2008）的规定进行施工。

4.6.6　吊筋与腰筋绑扎不规范

　　（1）吊筋与腰筋绑扎不规范主要表现。在施工现场中，吊筋与腰筋绑扎出现问题的具体表现为：吊筋太乱了，且未进行绑扎；吊筋部位主次梁看不清；梁底和梁侧没看到多少垫块保护层；箍筋135°弯钩没有到位；用Φ8 的钢筋作腰筋不够。

　　（2）产生原因。钢筋制作绑扎不按图施工，或是吊筋制作形状虽然正确，但各部位长度、角度不符合规范的要求，放置位置不准确。吊筋

图 4-37　三角桩的钢筋布置

注：1. 当桩径或桩截面边长＜800mm 时，桩顶嵌入承台 50mm；

当桩径≥800mm 时，桩顶嵌入承台 100mm。

2. 当承台之间设置防水底板且承台底板也要求做防水层时局部应采用刚性防水层，

不可以采用有机材料的柔性防水层详见工程具体设计。

3. 规定图面水平方向为 x 向，竖向为 y 向。等边三桩承台的底边方向，详见具体工程设计。

4. 三桩承台的最里侧的三根钢筋围成的三角形应当在柱截面范围内。

a—柱中心距切角边缘的距离；x_c、y_c—柱截面尺寸；

x_1、y_1、y_2、y_3—承台分尺寸和定位尺寸；D—圆桩直径；h_1—截面竖向尺寸

末端必须绑扎至梁上层和上部主筋同高度，中部要和次梁下部高度相同。

（3）解决方法。在吊筋的施工过程中经常出现以下两方面的问题。

① 吊筋水平锚固长度不足，底部水平段长度未达到次梁宽度加 100mm，弯起角度不准确。

② 吊筋未正确放在次梁正下方，且每侧宽出次梁 50mm，或吊筋未放至主梁底部，而放至次梁底部。

用φ8 腰筋通常不够，《混凝土结构设计规范》（2015 年版）（GB 50010—2010）要求梁净高（梁高－板厚－梁底筋保护层厚）超过 450mm 时要加腰筋，每侧腰筋面积不应当少于 0.1％梁净高×梁宽，如果是 200mm×600mm 的梁截面（最少每侧腰筋面积 A_s＝120mm^2），每侧两根 8mm 腰筋，很明显是不够的（A_s＝100.6mm^2），因此设计上很少会在梁腰筋使用 8mm 的钢筋，通常最少使用 10mm 或以上的钢筋。

5 钢筋机械连接

5.1 钢筋机械连接接头的现场加工与安装

5.1.1 连接接头的现场加工

（1）直螺纹钢筋丝头加工。直螺纹钢筋丝头加工应当符合以下规定。

① 钢筋端部应当采用带锯、砂轮锯或带圆弧形刀片的专用钢筋切断机切平。

② 镦粗头不应有与钢筋轴线相垂直的横向裂纹。

③ 钢筋丝头长度应当满足产品设计要求，极限偏差应为 $0\sim 2.0p$ （p 为螺纹的螺距，下同）。

④ 钢筋丝头宜满足 6f 级精度要求，应当采用专用直螺纹量规检验，通规应能顺利旋入并达到要求的拧入长度，止规旋入不得超过 $3p$。各规格的自检数量不应少于 10%，检验合格率不应小于 95%。

（2）锥螺纹钢筋丝头加工。锥螺纹钢筋丝头加工应当符合以下规定。

① 钢筋端部不得有影响螺纹加工的局部弯曲。

② 钢筋丝头长度应当满足产品设计要求，拧紧后的钢筋丝头不得相互接触，丝头加工长度极限偏差应为 $-0.5p \sim -1.5p$。

③ 钢筋丝头的锥度和螺距应当采用专用锥螺纹量规检验；各规格丝头的自检数量不应少于 10%，检验合格率不应小于 95%。

5.1.2　连接接头的现场安装

（1）直螺纹接头的安装。直螺纹接头的安装应当符合下列规定。

① 安装接头时可以用管钳扳手拧紧，钢筋丝头应当在套筒中央位置相互顶紧，标准型、正反丝型、异径型接头安装后的单侧外露螺纹不宜超过 $2p$；对无法对顶的其他直螺纹接头，应当附加锁紧螺母、顶紧凸台等措施紧固。

② 接头安装后应当用扭力扳手校核拧紧扭矩，最小拧紧扭矩值应符合表 5-1 的规定。

表 5-1　直螺纹接头安装时最小拧紧扭矩值

钢筋直径/mm	≤16	18～20	22～25	28～32	36～40	50
拧紧扭矩/(N·m)	100	200	260	320	360	460

③ 校核用扭力扳手的准确度级别可以选用 10 级。

（2）锥螺纹接头的安装。锥螺纹接头的安装应当符合下列规定。

① 接头在安装时严格保证钢筋与连接件的规格相一致。

② 接头在安装时应用扭力扳手拧紧，拧紧扭矩值应当满足表 5-2 的要求。

表 5-2　锥螺纹接头安装时拧紧扭矩值

钢筋直径/mm	≤16	18～20	22～25	28～32	36～40	50
拧紧扭矩/(N·m)	100	180	240	300	360	460

③ 校核用扭力扳手与安装用扭力扳手应当区分使用，校核用扭力扳手应每年校核 1 次，准确度级别不应低于 5 级。

（3）套筒挤压接头的安装。套筒挤压接头的安装应当符合以下规定。

① 钢筋端部不得有局部弯曲，不得有严重锈蚀和附着物。

② 钢筋端部应有挤压套筒后可以检查钢筋插入深度的明显标记，钢筋端头离套筒长度中点不宜超过 10mm。

③ 挤压应当从套筒中央开始，依次向两端挤压，挤压后的压痕直径或套筒长度的波动范围应用专用量规检验；压痕处套筒外径应为原套筒外径的 0.80～0.90 倍，挤压后套筒长度应为原套筒长度的 1.10～1.15 倍。

④ 挤压后的套筒不应有可见裂纹。

5.2 GK 型等强钢筋锥螺纹接头连接

5.2.1 概述

钢筋锥螺纹接头是利用锥螺纹能承受拉、压两种作用力及自锁性、密封性好的原理，将钢筋的连接端加工成锥螺纹，按照规定的力矩值把钢筋连接成一体的接头。GK 型等强钢筋锥螺纹接头的基本思路是：在钢筋端头切削锥螺纹之前，先对钢筋端头沿径向通过压模施加很大的压力，使其塑性变形，形成一圆锥桩体，之后，再按照普通锥螺纹钢筋接头的工艺路线，在预压过的钢筋端头上车削锥形螺纹，再用带内锥螺纹的钢套筒用力矩扳手进行拧紧连接。在钢筋端头塑性变形过程中，根据冷作硬化的原理，变形之后的钢筋端头材料强度比钢筋母材提高 10%～20%，从而使在其上车削出的锥螺纹强度也相应提高，弥补了由于车削螺纹使钢筋母材截面尺寸减小而造成的接头承载能力下降的缺陷，从而大大提高了锥螺纹接头的强度，使之不小于相应钢筋母材的强度。由于强化长度可调，因此可有效避免螺纹接头根部弱化现象。不用依赖钢筋超强，就可以达到行业标准中最高级 Ⅰ 级接头对强度的要求。

5.2.2 钢筋锥螺纹接头

5.2.2.1 概述

钢筋锥螺纹接头是指能承受拉、压两种作用力的机械接头。钢筋锥螺纹接头操作时，首先用专用套丝机将钢筋的待连接端加工成锥形外螺纹；然后，通过带锥形内螺纹的钢连接套筒，将两根待接钢筋连接；最后，利用力矩扳手按规定的力矩值使钢筋和连接钢套筒拧紧在一起。

钢筋锥螺纹接头工艺简便，能够在施工现场连接直径16～40mm的热轧 HRB335、HRB400 同径和异径的竖向或水平钢筋，且不受钢筋是否带肋和含碳量的限制。主要适用于按一、二级抗震等级设施的工业和民用建筑钢筋混凝土结构的热轧 HRB335、HRB400 钢筋的连接施工；但不得用于预应力钢筋的连接。对于直接承受动荷载的结构构件，其接头还应当满足抗疲劳性能等设计要求。

5.2.2.2 GK 型等强钢筋锥螺纹接头工艺线路线

（1）GK 型等强钢筋锥螺纹接头径向挤压，如图 5-1 所示。

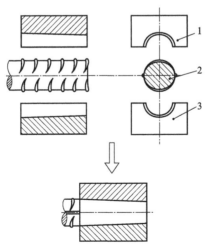

图 5-1 钢筋径向挤压
1—上压模；2—钢筋端头；3—下压模

（2）GK 型等强钢筋锥螺纹接头工艺线路线，如图 5-2 所示。

图 5-2　工艺线路线

5.2.3　锥螺纹连接套

锥螺纹连接套材料宜采用 45 号优质碳素结构钢或其他经试验确认符合要求的材料。提供的锥螺纹连接套应当有产品合格证，两端锥孔应当有密封盖，套筒表面应当有规格标记。进场时，施工单位应当进行复检，可以用锥螺纹塞规拧入连接套，如果连接套的大端边缘在锥螺纹塞规大端的缺口范围内，则为合格。

（1）套筒的材质。通常，HRB335 钢筋采用 30 钢～40 钢；HRB400 钢筋采用 45 钢。

（2）套筒的规格尺寸。套筒的规格尺寸应当与钢筋锥螺纹相匹配，其承载力应当略高于钢筋母材。

（3）锥螺纹套筒的加工应当在专业工厂进行，从而保证产品质量。套筒加工后，经检验合格的产品，其两端锥孔应采用塑料密封盖封严。套筒的外表面应标有明显的钢筋级别及规格标记。

5.2.4　钢筋锥螺纹加工

（1）钢筋应当先调直，后下料。钢筋下料可以采用钢筋切断机或砂轮锯，但不得用气割下料。钢筋下料时，要求切口端面与钢筋轴线垂直，端头不得挠曲或出现马蹄形。

（2）加工好的钢筋锥螺纹丝头的锥度、牙形与螺距等，必须与连接套的锥度、牙形、螺距一致，并应进行质量检验，检验内容如下。

① 锥螺纹丝头牙形检验。

② 锥螺纹丝头锥度与小端直径检验。

（3）其加工工艺为：下料→套丝→用牙形规和卡规（或环规）逐个检查钢筋套丝质量→质量合格的丝头用塑料保护帽盖封，待查和待用。

（4）钢筋经检验合格后方可在套丝机上加工锥螺纹。为了确保钢筋的套丝质量，操作人员必须坚持上岗证制度。操作前，应先调整好定位尺，并按钢筋规格配置相对应的加工导向套。对于大直径钢筋，应当分次加工到规定的尺寸，以保证螺纹的精度和避免损坏梳刀。

（5）钢筋套丝时，必须采用水溶性切削冷却润滑液。当气温低于 0℃时，应当掺入 15％～20％亚硝酸钠，不得采用机油作冷却润滑液。

5.2.5 GK 型等强钢筋锥螺纹接头连接施工

（1）预压施工

① 施工操作

a. 操作人员必须持证上岗。

b. 操作时采用的压力值、油压值应当符合产品供应单位通过型式检验确定的技术参数要求。压力值及油压值应当按表 5-3 执行。

表 5-3 预压压力

钢筋规格	压力值范围/t	油压值范围/MPa
φ16	62～73	24～28
φ18	68～78	26～30
φ20	68～78	26～30
φ22	68～78	26～30
φ25	99～109	38～42
φ28	114～125	44～48
φ32	140～151	54～58
φ36	161～171	62～66
φ40	171～182	66～70

注：若改变预压机机型该表中压力值范围不变，但油压值范围要相应改变，具体数值由生产厂家提供。

c. 检查预压设备情况，并进行试压，符合要求后方可作业。

② 预压操作

a. 钢筋应当先调直再按照设计要求位置下料。钢筋切口应当垂直钢筋轴线，不宜有马蹄形或翘曲端头。不允许用气割进行钢筋下料。

b. 钢筋端部完全插入预压机，直至前挡板处。

c. 钢筋摆放位置要求。对于一次预压成形，钢筋纵肋沿竖向顺时针或逆时针旋转 20°～40°。对于两次预压成形，第一次预压钢筋纵肋向上，第二次预压钢筋顺时针或逆时针旋转 90°。

d. 每次按照规定的压力值进行预压，预压成形次数按表 5-4 执行。

表 5-4　预压成形次数

预压成形次数	钢筋直径/mm
1 次预压成形	16～25
2 次预压成形	28～40

（2）加工钢筋锥螺纹丝头

① 钢筋端头预压经检验合格。

② 钢筋套丝。套丝工人必须持上岗证作业。套丝过程必须用钢筋接头提供单位的牙形规、卡规或环规逐个检查钢筋的套丝质量。要求牙形饱满，无裂纹、无乱牙、秃牙缺陷；牙形与牙形规吻合；丝头小端直径在卡规会环规的允许误差范围内。

③ 经自检合格的钢筋锥螺纹丝头，应当一头戴上保护帽，另一头拧紧与钢筋规格相同的连接套，并按照规定堆放整齐，以便质检或监理抽查。

④ 抽检钢筋锥螺纹丝头的加工质量。质检或监理人员用钢筋套丝工人的牙形规和卡规或环规，对每种规格加工批量随机抽检 10%，且不少于 10 个，并按照要求填写钢筋锥螺纹加工检验记录。如有一个丝头不合格，应当对该加工批全数检查。不合格丝头应重新加工并经再次检验合格后方可适用。

（3）钢筋连接

① 将待连接钢筋吊装到位。

② 回收密封盖和保护帽。连接前，应当检查钢筋规格与连接套规格是否一致，确认丝头无损坏时，将带有连接套的一端拧入连接钢筋。

③ 用力矩扳手拧紧钢筋接头，并达到规定的力矩值，见表5-5。在连接时，将力矩扳手钳头咬住待连接钢筋，垂直钢筋轴线均匀加力，当力矩扳手发出"咔哒"响声时，即达到预先设定的规定力矩值。严禁钢筋丝头没拧入连接套就用力矩扳手连接钢筋。否则会损坏接头丝扣，造成钢筋连接质量事故。为了保证力矩扳手的使用精度，不用时将力矩扳手调到"0"刻度，不准用力矩扳手当锤子、撬棍等使用，要轻拿轻放，不得乱摔、坐、踏、雨淋，避免损坏或生锈造成力矩扳手损坏。

表 5-5 接头拧紧力矩值

钢筋直径/mm	≤16	18～20	22～25	25～32	36～40
拧紧力矩/(N·m)	100	180	240	300	360

④ 钢筋接头拧紧时应当随手做油漆标记，以备检查，防止漏拧。

⑤ 鉴于国内钢筋锥螺纹接头技术参数不尽相同，施工单位采用时应当特别注意，对技术参数不一样的接头绝不能混用，避免出质量事故。

⑥ 几种钢筋锥螺纹接头的连接方法

a. 普通同径或异径接头连接方法，如图 5-3 所示。

用力矩扳手分别将①与②、②与③拧到规定的力矩值。

b. 单向可以调接头连接方法，如图 5-4 所示。

用力矩扳手分别将①与②、③与④拧到规定的力矩值，再把⑤与②拧紧。

图 5-3 普通接头连接

①，③—钢筋；②—连接套

c. 双向可调接头方法，如图 5-5 所示。

图 5-4 单向可调接头连接
①，④—钢筋；②—连接套；
③—可调连接器；⑤—锁母

图 5-5 双向可调接头连接
①，④—钢筋；②、③—可调
连接器；⑤—连接套

分别用力矩扳手将①与②、③与④拧到规定的力矩值，且保持②、③的外露丝扣数相等，然后分别夹住②与③，将⑤拧紧。

⑦ 水平钢筋的连接方法。将待连接钢筋用短钢管垫平，先将钢筋丝头拧入待连接钢筋里，两人对面站立分别用扳手钳住钢筋，从一头往另一头依次拧紧接头。不得从两头往中间连接，避免造成连接质量事故。

5.2.6　质量检验

5.2.6.1　锥螺纹套筒验收检查

锥螺纹套筒验收应检查的项目有：套筒的规格、型号与标记；套筒的内螺纹圈数、螺距与齿高；螺纹有无破损、歪斜、不全或锈蚀等现象。其中，套筒检验的重要环节是用锥螺纹塞规检查同规格套筒的加工质量。当套筒大端边缘在锥螺纹塞规大端缺口范围内时，套筒为合格品。

5.2.6.2　预压后钢筋端头的自检

预压后的钢筋端头，应当逐个进行自检，经过自检合格的预压端头，质检人员应当按照要求对每种规格本次加工批抽检 10%。若有一个端头不合格，则应责令操作工人对该加工批全数检查。对于不合格钢筋端头，应当进行二次预压或部分切除重新预压。

5.2.6.3　接头外观检验

随机抽取同规格接头数的 10%进行外观检查，应当满足钢筋与连接套的规格一致，接头丝扣无完整丝扣外露。

若发现有一个完整丝扣外露，即为连接不合格，必须查明原因，责令工人重新拧紧或进行加固处理。

5.2.6.4　接头拧紧力矩抽检

用质检的力矩扳手，按表 4-8 规定的接头拧紧值抽检接头的连接质量。抽验数量如下。

(1) 梁、柱构件按接头数的 15%，且每个构件的接头抽验数不得少于 1 个接头。

(2) 基础、墙、板构件按各自接头数，每 100 个接头作为一个验收批，不足 100 个也应作为一个验收批，每批抽检 3 个接头。

抽检的接头应当全部合格，若有 1 个接头不合格，则该验收批接头应逐个检查。对于查出的不合格接头，应当采用电弧贴角焊缝方法补强，焊缝高度不得小于 5mm。

5.2.6.5　接头现场检验

接头的现场检验按验收批进行，同一施工条件下，同一批材料的同等级、同规格接头，以 500 个作为一个验收批进行检验与验收，不足 500 个也应作为一个验收批。

(1) 对于接头的每一验收批，应在工程结构中随机抽取 3 个试件做单向拉伸试验，按设计要求的接头性能等级进行检验与评定。

(2) 在现场连续检验 10 个验收批，全部单向拉伸试件一次抽样均合格时，验收批接头数量可以扩大一倍。

(3) 当质检部门对钢筋接头的连接质量产生怀疑时，可以采用非破损张拉设备做接头的非破损拉伸试验。

5.2.6.6 关于 GK 型等强钢筋锥螺纹接头单向拉伸强度指标的特殊规定

首先，GK 接头应当达到国家行业标准《钢筋机械连接技术规程》（JGJ 107—2016）中Ⅰ级接头的要求，在此基础上应当做到试件在破坏时断在钢筋母材上，接头部位不破坏。当钢筋母材超强 10%（不含 10%）以上时，允许 GK 接头在接头部位破坏，但破断强度实测值应当大于等于钢筋母材标准极限强度的 1.05 倍。

5.2.7 钢筋锥螺纹套筒连接外观检查不合格接头的处理

如果发现接头有完整丝扣外露，则说明有丝扣损坏或有脏物进入接头，丝扣或钢筋丝头小端直径超差或使用了小规格的连接套；连接套与钢筋之间如果有周向间隙，则说明用了大规格连接套连接小直径钢筋。出现上述情况，应当及时查明原因给予排除，并重新连接钢筋。如果钢筋接头已不能重新制作和连接，则可以采用 E50×× 型焊条将钢筋与连接套焊在一起，焊缝高度应不小于 5mm。当连接的是 HRB400 钢筋时，应当先做可焊性能试验，经试验合格后，才能焊接。

5.3 钢筋镦粗直螺纹套筒连接

5.3.1 概述

钢筋镦粗直螺纹连接分钢筋冷镦粗直螺纹连接与钢筋热镦粗直螺纹连接两种。本节主要介绍钢筋冷镦粗直螺纹连接的相关知识。

5.3.1.1 钢筋镦粗直螺纹套筒连接特点

钢筋镦粗直螺纹套筒连接技术是用专门机械镦头机与专用机床在钢筋制作现场进行加工，确保了丝头直径和螺纹的精度，保证了与套筒的良好配合与互换性。在具体施工时，只需利用普通扳手，把用套筒对接好的钢筋拧紧即可。钢筋镦粗直螺纹套筒连接技术具有以下特点。

（1）强度高。镦粗段钢筋切削螺纹后的净截面积仍大于钢筋原截面积，即螺纹不削弱截面，从而可确保接头强度大于钢筋母材强度（试验结果为565MPa以上，达到SA级）。

（2）性能稳定。接头强度不受拧紧力矩的影响，丝扣松动或少拧入2～3扣，均不会明显影响接头强度，排除了人工因素和测力工具对接头性能的影响。

（3）连接速度快。用连接套筒对接好钢筋，拧紧即可。由于丝扣螺距大，拧入扣数少，不必用扭力扳手，所以加快了连接速度。

（4）生产效率高。现场镦粗，切削一个丝头仅需30～50s，每套设备每班能加工400～600个丝头。

（5）应用范围广。对于弯折钢筋、固定钢筋、钢筋笼等不能转动的场合均可使用。

5.3.1.2　钢筋镦粗直螺纹套筒连接适用范围

钢筋镦粗直螺纹连接适合于符合现行国家标准《钢筋混凝土用钢　第2部分　热轧带肋钢筋》国家标准第1号修改单（GB 1499.2—2007/XG1—2009）中的HRB335（Ⅱ级钢筋）和HRB400（Ⅲ级钢筋）。

5.3.2　镦粗直螺纹接头

5.3.2.1　钢筋镦粗直螺纹套筒连接接头的分类

接头按使用场合的分类见表5-6，各形式的接头及其连接如图5-6所示。

表5-6　接头按使用场合分类

形　式	使　用　场　合
标准型	正常情况下连接钢筋
扩口型	用于钢筋较难对中且钢筋不易转动的场合
异径型	用于连接不同直径的钢筋
正反丝头型	用于两端钢筋均不能转动而要求调节轴向长度的场合
加长丝头型	用于转动钢筋较困难的场合，通过转动套筒连接钢筋
加锁母型	钢筋完全不能转动，通过转动套筒连接钢筋，用锁母锁定套筒

图 5-6　各形式的接头及其连接示意

注：图中（1）～（7）表示接头连接时的操作顺序

5.3.2.2　镦粗直螺纹接头工艺

　　镦粗直螺纹接头工艺是首先利用冷镦机将钢筋端部镦粗，其次用套丝机在钢筋端部的镦粗段上加工直螺纹，最后用连接套筒将两根钢筋对接。由于钢筋端部冷镦后，不仅截面加大，而且强度也有提高，钢筋端部加工直螺纹后，其螺纹底部的最小直径应不小于钢筋母材的直径，所以该接头可与钢筋母材等强。镦粗直螺纹接头的工艺流程如图 5-7 所示。

(a) 夹紧钢筋　　　　(b) 冷镦扩粗

(c) 切削丝头　　　　(d) 对接钢筋

图 5-7　镦粗直螺纹接头工艺简图

5.3.3　钢筋端部丝头加工

（1）钢筋下料前应先进行调直，下料时，切口端面应当与钢筋轴线垂直，不得有马蹄形或挠曲。

（2）镦粗后的基圆直径 d_1 应当大于丝头螺纹外径，长度 L_0 应当大于 1/2 套筒长度，过渡段坡度应当不小于 1：3。镦粗头的外形尺寸如图 5-8 所示。镦粗量参考数据见表 5-7 和表 5-8。

图 5-8　镦粗头外形示意

（3）镦粗头不得有与钢筋轴线相垂直的横向表面裂纹。

（4）不合格的镦粗头应当切去后重新镦粗，严禁在原镦粗段进行二次镦粗。

表 5-7　镦粗量参考数据 1

钢筋直径 /mm	镦粗压力 /MPa	镦粗基圆直径 d_1/mm	镦粗缩短尺寸 /mm	镦粗长度 L_0 /mm
16	12～14	19.5～20.5	12±3	16～18
18	15～17	21.5～22.5	12±3	18～20
20	17～19	23.5～24.5	12±3	20～23
22	21～23	24.5～28.5	15±3	22～25
25	22～24	28.5～29.5	15±3	25～28
28	24～26	31.5～32.5	15±3	28～31
32	29～31	35.5～36.5	18±3	32～35
36	26～28	39.5～40.5	18±3	36～39
40	28～30	44.5～45.5	18±3	40～43

表 5-8　镦粗量参考数据 2

钢筋直径/mm	22	25	28	32	36	40
镦粗直径 d_1/mm	26	29	32	36	40	44
镦粗长度 L_0/mm	30	33	35	40	44	50

（5）若选用热镦工艺镦粗钢筋，则应当在室内进行镦头加工。

（6）当加工钢筋丝头时，应当采用水溶性切削润滑液。当气温低于 0℃ 时，应当设有防冻措施，不得在不加润滑液的状态下套丝。

（7）钢筋丝头的螺纹应与连接套筒的螺纹相匹配，标准型丝头和加长型丝头加工长度的参数数据见表 5-9 和表 5-10。丝头长度偏差一般不宜超过 $+1P$（P 为螺距）。

表 5-9　标准型丝头和加长型丝头加工参考数据

钢筋直径/mm	16	18	20	22	25	28	32	36	40
标准型丝头长度/mm	16	18	20	22	25	28	32	36	40
加长型丝头长度/mm	41	45	49	53	61	67	75	85	93

表 5-10　标准型丝头加工参考数据

钢筋直径/mm	20	22	25	28	32	36	40
标准型丝头规格/mm	M24×2.5	M26×2.5	M29×2.5	M32×3	M36×3	M40×3	M44×3
标准型丝头长度/mm	28	30	33	35	40	44	48

（8）冷镦后进行套丝，套丝后的螺牙应无裂纹、无断牙及其他缺陷，表面粗糙度达到图纸要求。

（9）用牙形规检测牙形是否合格，并用环规检查其中径尺寸是否在规定误差范围之内。

（10）直螺纹加工检查合格后，应戴上塑料保护帽或拧上连接套，以防碰伤和生锈。

（11）现场加工的直螺纹应注意防潮，防止强力摔碰，并堆放整齐。

5.3.4 镦粗直螺纹套筒加工

（1）套筒按使用场合的分类及其特性代号见表5-11。

表5-11 套筒分类及其特性代号

形　式	使用场合	特性代号
标准型	用于标准型、加长丝头型或加锁母型接头	省略
扩口型	用于扩口型、加长丝头型或加锁母型接头	K
异径型	用于异径型接头	Y
正反丝头型	用于正反丝头型接头	ZF

（2）镦粗直螺纹套筒内螺纹的公差带应符合《普通螺纹 公差》（GB/T 197—2003）的要求，可选用6H。

（3）进行表面防锈处理。

（4）镦粗直螺纹套筒材料、尺寸、螺纹规格、公差带及精度等级还应符合产品设计图纸的要求。

（5）连接镦粗直螺纹套筒的加工参考数据见表5-12～表5-15。

5.3.5 冷镦粗直螺纹套筒连接

（1）对于连接可以自由转动的钢筋，首先将套筒预先部分或全部拧入一个被连接钢筋的螺纹内，然后转动连接钢筋或反拧套筒到预定位置，最后用扳手转动连接钢筋，使其相互对顶锁定连接套筒。

表 5-12　标准型连接套筒　　　　单位：mm

简　图	型号与标记	$Md \times t$	D	L
	A20S-G	24×2.5	36	50
	A22S-G	26×2.5	40	55
	A25S-G	29×2.5	43	60
	A28S-G	32×3	46	65
	A32S-G	36×3	52	72
	A36S-G	40×3	58	80
	A40S-G	44×3	65	90

表 5-13　正反扣型连接套筒　　　　单位：mm

简　图	型号与标记	右 $Md \times t$	左 $Md \times t$	D	L	l	b
	A20SLR-G	24×2.5	24×2.5	38	56	24	8
	A22SLR-G	26×2.5	26×2.5	42	60	26	8
	A25SLR-G	29×2.5	29×2.5	45	66	29	8
	A28SLR-G	32×3	32×3	48	72	31	10
	A32SLR-G	36×3	36×3	54	80	35	10
	A36SLR-G	40×3	40×3	60	86	38	10
	A40SLR-G	44×3	44×3	67	96	43	10

表 5-14　变径型连接套筒　　　　单位：mm

简　图	型号与标记	$Md_1 \times t$	$Md_2 \times t$	b	D	l	L
	AS20-22	26×2.5	24×2.5	5	42	26	57
	AS22-25	29×2.5	26×2.5	5	45	29	63
	AS25-28	32×3	29×2.5	5	48	31	67
	AS28-32	36×3	32×3	6	54	35	76
	AS32-36	40×3	36×3	6	60	38	82
	AS36-40	44×3	40×3	6	67	43	92

表 5-15　可调型连接套筒　　　　　单位：mm

简　　　图	型号和规格	钢筋规格	D_0	L_0	L'	L_1	L_2
	DSJ-22	$\phi22$	40	73	52	35	35
	DSJ-25	$\phi25$	45	79	52	40	40
	DSJ-28	$\phi28$	48	87	60	45	45
	DSJ-32	$\phi32$	55	89	60	50	50
	DSJ-36	$\phi36$	64	97	66	55	55
	DSJ-40	$\phi40$	68	121	84	60	60

（2）对于钢筋完全不能转动，如弯折钢筋或还要调整钢筋内力的场合，如施工缝、后浇带，可以先将锁定螺母与连接套筒预先拧入加长的螺纹内，再反拧入另一根钢筋端头螺纹上，最后用锁定螺母锁定连接套筒或采用配套带有正反螺纹的套筒，以便从一个方向上能松开或拧紧两根钢筋。

（3）直螺纹钢筋连接时，应采用扭力扳手按表 5-1 规定的力矩值把钢筋接头拧紧。

5.3.6　质量检验

5.3.6.1　钢筋套筒进场检验

钢筋套筒进场必须有原材料试验单与套筒出厂合格证，并由该技术提供单位提交有效的形式检验报告。

5.3.6.2　钢筋套筒工艺检验

钢筋套筒挤压连接开始前及施工过程中，应当对每批进场钢筋进行挤压连接工艺检验。工艺检验应当符合下列要求。

（1）每种规格钢筋的接头试件不应少于 3 个。

（2）接头试件的钢筋母材应当进行抗拉强度试验。

（3）3 个接头试件强度均应符合现行行业标准《钢筋机械连接技术规程》（JGJ107—2016）中相应等级的强度要求，对于 I 级接头，试件抗拉强度尚应大于等于 0.9 倍钢筋母材的实际抗拉强度（在计算实际抗拉强度时，应当采用钢筋的实际横截面面积）。

5.3.6.3 钢筋套筒挤压接头现场检验

钢筋套筒挤压接头现场检验，一般只进行接头外观检查和单向拉伸试验。

（1）取样数量。同批条件为：材料、等级、形式、规格、施工条件相同。批的数量为 500 个接头，不足此数时也作为一个验收批。

对每一验收批，应当随机抽取 10％的挤压接头做外观检查；抽取 3 个试件做单向拉伸试验。在现场检验合格的基础上，当连续10 个验收批单向拉伸试验合格率为 100％时，可以扩大验收批所代表的接头数量一倍。

（2）外观检查。挤压接头的外观检查应当符合下列要求。

① 挤压后套筒长度应为原套筒长度的 1.10～1.15 倍，或压痕处套筒的外径为原套筒外径的 0.8～0.9 倍。

② 挤压接头的压痕道数应符合形式检验确定的道数；接头处弯折不得大于 4°。

③ 挤压后的套筒不得有肉眼可见的裂缝。

如果外观质量合格数大于等于抽检数的 90％，则该批为合格。如果不合格数超过抽检数的 10％，则应逐个进行复验。在外观不合格的接头中，抽取 6 个试件做单向拉伸试验，再进行判别。

（3）单向拉伸试验。3 个接头试件的抗拉强度均应满足 A 级或 B 级抗拉强度的要求。如果有一个试件的抗拉强度不符合要求，则加倍抽样复验。复验中如果仍有一个试件检验结果不符合要求，则该验收批单向拉伸试验判为不合格。

5.3.6.4 钢筋套筒连接丝头加工现场检验

在合格的镦头上用专用车床套丝机进行套丝，丝头的质量要求如下。

（1）丝头加工现场检验项目、方法及要求见表 5-16。

（2）丝头加工工人应当逐个目测检查丝头的加工质量，每加工10 个丝头应用环规检查一次，并剔除不合格丝头。

表 5-16 丝头加工现场检验项目、方法及要求

检验项目	量具名称	检验要求
外观质量	目测	牙形饱满、牙顶宽超过 0.6mm 的秃牙部分累计长度不超过一个螺纹周长
外形尺寸	卡尺或专用量具	丝头长度应满足图纸要求，标准型接头的丝头长度公差为 $+1P$
螺纹中径及小径	通端螺纹环规	能顺利旋入螺纹并达到旋合长度
	止端螺纹环规	允许环规与端部螺纹部分旋合，旋入量不应超过 $3P$

（3）自检合格的丝头，应当由质检员随机抽样进行检验，以一个工作班内生产的钢筋丝头为一个验收批，随机抽检 10％。当合格率小于 95％时，应加倍抽检。复检中合格率仍小于 95％时，应当对全部钢筋丝头逐个进行检验，并切去不合格丝头，重新镦粗和加工螺纹。

（4）丝头检验合格后，应当用塑料帽或连接套筒保护。

5.4 钢筋滚轧直螺纹套筒连接

5.4.1 概述

钢筋滚轧直螺纹套筒连接是利用金属材料塑性变形后，冷作硬化增强金属材料强度的特性，使接头与母材等强的连接方法。钢筋滚轧直螺纹连接是一项新技术，发展速度很快。它具有接头强度高、相对变形小、工艺操作简便、施工速度快、连接质量稳定等优点。钢筋滚轧直螺纹套筒连接的工艺特点是先将钢筋端头切平，然后用滚轧机床滚轧成直螺纹，最后用相应的连接套筒将两根钢筋利用螺纹咬合连接在一起，连接套筒则在工厂成批生产。

5.4.2 滚轧直螺纹套筒

滚轧直螺纹接头用连接套筒的类型主要包括标准型、正反丝扣型、变径型、可调型等，与镦粗直螺纹套筒类型相同。

（1）连接套筒应当按照产品设计图纸的要求制造，重要的尺寸（外径、长度）及螺纹牙形、精度应经检验合格。

（2）连接套筒的尺寸应满足产品设计的要求，见表5-17～表5-19。

表5-17　标准型套筒的几何尺寸　　　　单位：mm

钢筋直径	螺纹规格	套筒外径	套筒长度
16	M16.5×2	25	43
18	M19×2.5	29	55
20	M21×2.5	31	60
22	M23×2.5	33	65
25	M26×3	39	70
28	M29×3	44	80
32	M33×3	49	90
36	M37×3.5	54	98
40	M41×3.5	59	105

表5-18　常用变径型套筒几何尺寸　　　　单位：mm

套筒规格	外径	小端螺纹	大端螺纹	套筒总长
16～18	29	M16.5×2	M19.5×2.5	50
16～20	31	M16.5×2	M21×2.5	53
18～20	31	M19×2.5	M21×2.5	58
18～22	33	M19×2.5	M23×2.5	60
20～22	33	M21×2.5	M23×2.5	63
20～25	39	M21×2.5	M26×3	65
22～25	39	M23×2.5	M26×3	68
22～28	44	M23×2.5	M29×3	73
25～28	44	M26×3	M29×3	75
25～32	49	M26×3	M33×3	80
28～32	49	M29×3	M33×3	85

续表

套筒规格	外　径	小端螺纹	大端螺纹	套筒总长
28～36	54	M29×3	M37×3.5	89
32～36	54	M33×3	M37×3.5	94
32～40	59	M33×3	M41×3.5	98
36～40	59	M37×3.5	M41×3.5	102

表 5-19　可调型套筒几何尺寸　　单位：mm

钢筋直径	螺纹规格	套筒总长	旋出后长度	增加长度
16	M16.5×2	118	141	96
18	M19×2.5	141	169	114
20	M21×2.5	153	183	123
22	M23×2.5	166	199	134
25	M26×3	179	214	144
28	M29×3	199	239	159
32	M33×3	222	267	117
36	M37×3.5	244	293	195
40	M41×3.5	261	314	209

注：表中"增加长度"为可调型套筒比普通套筒加长的长度，施工配筋时应将钢筋的长度按此数进行缩短。

钢筋连接套筒内螺纹尺寸应按照现行国家标准《普通螺纹　基本尺寸》（GB/T 196—2003）中的相应规定确定；螺纹中径公差宜满足现行国家标准《普通螺纹　公差》（GB/T 197—2003）中 6H 级精度规定的要求。

（3）连接套筒装箱前，应带有保护端盖，套筒内不得混入杂物。

5.4.3　钢筋丝头加工

5.4.3.1　钢筋下料

钢筋下料时，不应用热加工方法切断；钢筋端面应平整，并与钢筋轴线垂直；不得有马蹄形或扭曲；钢筋端部不得有弯曲；当钢筋端部出现弯曲时，应调直。

5.4.3.2 钢筋丝头加工工艺

在钢筋滚轧直螺纹连接中，丝头的加工工艺有三种形式：直接滚轧、剥肋滚轧，以及介于两者之间的部分剥肋滚轧。

（1）直接滚轧。将钢筋被连接端头不经过任何整形处理，直接滚轧加工成直螺纹。直接滚轧的优点是钢筋截面积基本未受到削弱，接头力学性能能够充分得到保证；缺点是滚丝轮使用寿命短，容易产生不完整螺纹，影响观感效果。

（2）剥肋滚轧。先将钢筋端部的纵肋与横肋凸起部分通过切削加工剥切去掉，然后滚轧加工成直螺纹。剥肋滚丝头加工尺寸应符合表 5-20 的规定。

表 5-20　剥肋滚丝头加工尺寸

钢筋直径/mm	剥肋直径/mm	螺纹规格/mm	丝头长度/mm	完整螺纹圈数
16	15.1±0.2	M16.5×2	22.5	≥8
18	16.9±0.2	M19×2.5	27.5	≥7
20	18.8±0.2	M21×2.5	30	≥8
22	20.8±0.2	M23×2.5	32.5	≥9
25	23.7±0.2	M26×3	35	≥9
28	26.6±0.2	M29×3	40	≥10
32	30.5±0.2	M33×3	45	≥11
36	34.5±0.2	M37×3.5	49	≥9
40	38.1±0.2	M41×3.5	52.5	≥10

剥肋滚轧的优点是滚丝轮不易损坏，螺纹比较光洁；缺点是由于多了一道工序，所以钢筋承载截面积受到削弱，力学性能降低，容易在丝头的螺尾处被拉断。

（3）部分剥肋滚轧。将钢筋端部的纵肋与横肋凸起部分通过切削加工部分剥切去掉，然后滚轧加工成直螺纹。部分剥肋滚轧的性能特点介于直接滚轧与剥肋滚轧之间，此处不多赘述。

5.4.3.3 钢筋丝头质量检验

钢筋的丝头质量应符合下列要求。

（1）外观质量。丝头表面不得有影响接头性能的损坏、锈蚀。

（2）外形质量。丝头有效螺纹数量不得少于设计规定；牙顶宽度大于 $0.3P$（P 为螺距）的不完整螺纹累计长度，不得超过两个螺纹周长；标准型接头的丝头有效螺纹长度应当不小于 $1/2$ 连接套筒长度，允许误差为 $+2P$；其他连接形式应符合产品设计的要求。

（3）丝头尺寸的检验用专用的螺纹环规检验，其环通规应能顺利地旋入，环止规旋入的长度不得超过 $3P$，如图 5-9 所示。

图 5-9　剥肋滚扎丝头质量检查

丝头加工完毕经检验合格后，应当立即带上丝头保护帽或拧上连接套筒，防止装卸钢筋时损坏。

5.4.4 钢筋连接

（1）在进行钢筋连接时，被连接钢筋规格应当与连接套筒规格相一致，并要求保证丝头与连接套筒内螺纹干净、完好无损。

（2）当采用预埋接头时，连接套筒的位置、规格与数量应当符合设计要求。带连接套筒的钢筋应当固定牢靠，连接套筒的外露端应当设置保护盖。

（3）滚扎直螺纹接头应当使用扭力扳手或管钳进行施工，将两个钢筋丝头在套筒中间位置相互顶紧。扭力扳手的精度为±5%。

（4）经拧紧后的滚扎直螺纹接头，应当做出标记，单边外露螺纹长度不应超过 2P（P 为螺距）。

（5）根据待接钢筋所在部位与转动难易情况，选用不同的套筒类型，采取不同的安装方法，如图 5-10～图 5-13 所示。

图 5-10　标准型接头安装

图 5-11　正反螺纹型接头安装

图 5-12　变径型接头安装

图 5-13　可调型接头安装

5.4.5　接头质量检验

5.4.5.1　接头工艺检验

在工程中应用滚扎直螺纹接头时，技术提供单位应当提交有效的形式检验报告。钢筋连接作业开始前及施工过程中，应当对每批进场钢筋进行接头连接工艺检验。工艺检验应符合下列要求。

（1）每种规格钢筋的接头试件不应少于 3 根。

（2）接头试件的钢筋母材应进行抗拉强度试验。

（3）3 根接头试件的抗拉强度均不应小于该级别钢筋抗拉强度的标准值，同时应不小于钢筋母材的实际抗拉强度的 90%。

5.4.5.2　接头现场检验

接头现场检验应当进行拧紧力矩检验与单向拉伸强度试验。对于接头有特殊要求的结构，应当在设计图样中另行注明相应的检验项目。

滚扎直螺纹接头的单向拉伸强度试验按验收批进行。同一施工条件下，采用同一批材料的同等级、同形式、同规格接头，以 500 个为一个验收批进行检验。

在现场连续检验 10 个验收批，当其全部单向拉伸试验一次抽样合格时，验收批接头数量可以扩大为 1000 个。

对每一验收批，应当在工程结构中随机抽取 3 个试件做单向拉伸试验。当 3 个试件抗拉强度均不小于 Ⅰ 级接头的强度要求时，该验收批判为合格。如果有两个试件的抗拉强度不符合要求，则应加倍取样复验。

滚扎直螺纹接头的单向拉伸试验破坏形式有 3 种：钢筋母材拉断、套筒拉断、钢筋从套筒中滑脱，只要满足强度要求，任何破坏形式均可判断为合理。

5.4.6　钢筋滚扎直螺纹套筒连接常见问题与处理措施

5.4.6.1　连接套筒的加工、出厂常见问题与处理措施

连接套筒的加工、出厂常见问题分析及处理措施见表 5-21。

表 5-21　连接套筒的加工、出厂常见问题分析及处理措施

常见问题	原因分析	处理措施
连接套筒内螺纹牙形不完整，外径、长度及螺纹直径偏差大	(1)车削螺纹的刀具形状和精度不符合要求 (2)套筒坯料内外圆不同轴 (3)机床精度低	(1)更换车削刀具 (2)加强上道工序的检验 (3)调试和恢复基础精度
套筒有严重锈蚀、杂物、油渍等污染物	(1)出厂前库存受潮 (2)其他工地退货未仔细检查清理	打开包装全数检查，对有影响混凝土质量的套筒清理退场

5.4.6.2　钢筋丝头加工常见问题与处理措施

钢筋丝头加工常见问题分析及处理措施见表 5-22。

表 5-22　钢筋丝头加工常见问题分析及处理措施

常见问题	原因分析	处理措施
丝头螺纹长度偏差大	滚轧机工作行程开关失灵或行程距离控制未正确调整	检查、维修、重新调整设备的行程控制机构
丝头螺纹牙形不饱满，同一丝头牙顶宽度普遍大于 $0.3P$，螺纹沟槽浅或夹有铁屑	(1)滚丝轮磨损 (2)采用剥肋滚轧工艺时，钢筋直径有负差或剥肋过深	(1)更换滚丝轮 (2)调整剥肋机构
丝头螺纹不完整，有牙顶宽度大于 $0.3P$ 的不连续螺纹	(1)钢筋端面有马蹄形 (2)钢筋端部有严重损伤	用砂轮片切割机切掉有缺陷的钢筋端部
丝头螺纹直径偏差过大	(1)采用直接滚轧工艺时，滚丝轮精度低或磨损程度大 (2)采用剥肋滚轧工艺时，剥肋机构的剥肋尺寸未调整正确	(1)更换滚丝轮 (2)调整剥肋机构

5.4.6.3　钢筋现场连接常见问题与处理措施

钢筋现场连接常见问题分析及处理措施见表 5-23。

表 5-23　钢筋现场连接常见问题分析及处理措施

常见问题	原因分析	处理措施
连接套筒不能完全旋拧到位	(1)开始连接时,操作人员未将套筒对正钢筋中线,在螺纹未完全咬正情况下即采用扳手旋拧 (2)连接套筒与钢筋丝头加工工艺方式不匹配 (3)套筒螺纹中径偏小或钢筋丝头螺纹中径偏大	(1)拆除已连接套筒,对操作人员就技术要求重新交底 (2)检查套筒出厂标志,更换工艺不匹配的连接套筒 (3)更换套筒重新连接,更换后仍无法旋拧到位的,当一侧钢筋已经固定于混凝土中时,及时加工特制套筒重新连接 (4)加强连接套筒进场检验和现场钢筋丝头检验,不合格套筒全部退出工地,不合格丝头重新加工
连接套筒用手即可旋拧到位,螺纹配合间隙过大	(1)连接套筒与钢筋丝头加工工艺方式不匹配 (2)套筒螺纹中径偏大或钢筋丝头螺纹中径偏小	(1)检查套筒出厂标志,更换工艺不匹配的连接套筒 (2)更换套筒重新连接,更换后仍有较松的,当一侧钢筋已经固定于混凝土中时,及时加工特制套筒重新连接 (3)加强连接套筒进场检验和现场钢筋丝头检验,不合格套筒全部退出工地,不合格丝头重新加工
接头试件拉伸试验不合格	(1)试件的拧紧力矩不足或过大 (2)拧紧后螺纹配合间隙大 (3)使用了漏检的不合格套筒或与不合格钢筋丝头(主要是牙形不完整)进行连接	按标准要求重新取样进行试验,且试件数量增加一倍,若再出现不合格时,该批接头全部返工
接头试件拉伸试验时,螺尾处拉断	采用剥肋滚轧工艺时,螺尾处剥肋过深,未经滚轧强化	重新调整剥肋和滚轧参数,防止螺尾处拉断

5.5 带肋钢筋套筒挤压连接

5.5.1 概述

带肋钢筋套筒挤压连接是将需要连接的带肋钢筋，插到特制的钢套筒内，利用挤压机压缩套筒，使之产生塑性变形，利用靠变形后的钢套筒与带肋钢筋之间的紧密咬合来实现钢筋的连接。带肋钢筋套筒挤压连接适用于钢筋直径为 16～40mm 的热轧 HRB335、HRB400 带肋钢筋的连接。

5.5.2 带肋钢筋套筒径向挤压连接

5.5.2.1 钢筋径向挤压连接原理

带肋钢筋套筒径向挤压连接是采用挤压机沿径向（即与套筒轴线垂直方向）将钢套筒挤压产生塑性变形，使之紧密地咬住带肋钢筋的横肋，实现两根钢筋的连接，如图 5-14 所示。当不同直径的带肋钢筋采用挤压接头连接时，如果套筒两端外径与壁厚相同，则被连接钢筋的直径相差应不大于 5mm。

图 5-14 钢筋径向挤压

1—钢套管；2—钢筋

5.5.2.2 钢筋径向挤压工艺参数

（1）压接顺序。钢筋径向挤压的压接顺序是从中间逐步向外压接，这样可以节省套筒材料约 10%。

（2）压接力。压接力的大小以套筒金属与钢筋紧密挤压在一起为好。压接力过大，会使套筒过度变形，而导致接头强度降低（即拉伸时在套筒压痕处破坏）；压接力过小，接头强度或残余变形量则不能满足要求。试验结果表明,采用不同型号的挤压设备,其压接参数是不同的,具体见表5-24~表5-27。

(3)压接道数。压接道数直接关系着钢筋连接的质量和施工速度。压接道数过多,施工速度慢;压接道数过少,则接头性能特别是残余变形量不能满足要求。采用不同型号的挤压机,其压接道数参见表5-24~表5-27。

表5-24　采用 YJH-25、YJH-32、YJH-40 挤压机压接
同直径钢筋挤压连接工艺参数

连接钢筋规格/mm	钢套筒型号	压模型号	压痕最小直径允许范围/mm	挤压道数
$\phi40\sim\phi40$	G40	M40	61~64	8×2
$\phi36\sim\phi36$	G36	M36	55~58	7×2
$\phi32\sim\phi32$	G32	M32	49~52	6×2
$\phi28\sim\phi28$	G28	M28	42~44.5	5×2
$\phi25\sim\phi25$	G25	M25	37.5~40	4×2
$\phi22\sim\phi22$	G22	M22	33~35	3×2
$\phi20\sim\phi20$	G20	M20	30~32	3×2

表5-25　采用 YJH-25、YJH-32、YJH-40 挤压机挤压
异径钢筋挤压连接工艺参数

连接钢筋规格/mm	钢套筒型号	压模型号	压痕最小直径允许范围/mm	压痕总宽度/mm
$\phi40\sim\phi36$	G40	$\phi40$ 端 M40	61~64	8
		$\phi36$ 端 M36	58~60.5	8
$\phi36\sim\phi32$	G36	$\phi36$ 端 M36	55~58	7
		$\phi32$ 端 M32	52~54.5	7
$\phi32\sim\phi28$	G32	$\phi32$ 端 M32	49~52	6
		$\phi28$ 端 M28	46.5~48.5	6
$\phi28\sim\phi25$	G28	$\phi28$ 端 M28	42~44.5	5
		$\phi25$ 端 M25	39.5~41.5	5
$\phi25\sim\phi22$	G25	$\phi25$ 端 M25	37.5~40	4
		$\phi22$ 端 M22	33.5~35	4
$\phi22\sim\phi20$	G22	$\phi22$ 端 M22	33~35	3
		$\phi20$ 端 M20	31.5~33	3

注:应采用 10 钢钢套筒。

表 5-26　采用 YJ650 和 YJ800 型挤压机的技术参数

钢筋直径 /mm	钢套筒外径×长度 ($\phi \times L$)/mm	挤压力 /kN	每端压接道数
25	43×175	550	3
28	49×196	600	4
32	54×244	650	5
36	60×252	750	6

表 5-27　采用 YJ32 型挤压机的技术参数

钢筋直径 /mm	钢套筒型号	钢套筒尺寸/mm 外径	内径	长度	压模型号	挤压力 /kN	每端压接道数	压痕深度允许尺寸 /mm
32	G32	55.5	36.5	240	M32	588	6	46.0～49.5
28	G28	50.5	34.0	210	M28	588	5	40.5～44.0
25	G25	45.0	30.0	200	M25	588	4	36.0～40.5

通常，压痕最小直径是通过挤压机上的压力表读数来间接控制的。由于钢套筒的材质不同，造成其硬度与韧性等也不同，所以会造成挤压至所要求的压痕最小直径时所需要的压力也不同。当实际挤压时，压力表读数一般为 60～70MPa，也有为 54～80MPa 的，这就要求操作者在挤压不同批号和炉号的钢套筒时，必须进行试压，从而确定挤压到标准所要求的压痕直径时所需的压力值。

5.5.2.3　钢筋径向挤压连接

（1）将钢筋套入钢套筒内，使钢套筒端面与钢筋伸入位置标记线对齐，如图 5-15 所示。为减少高空作业的难度，加快施工速度，可以先在地面预先压接半个钢筋接头，然后集装吊运到作业区，完成另半个钢筋接头的压接，如图 5-16 所示。

图 5-15　钢筋伸入位置标记线

1—钢套筒；2—标记线；3—钢筋

(a) 把已下好料的钢筋插到套管中央

(b) 放在挤压机内,压结已插钢筋的半边

(c) 把已预压半边的钢筋插到待接钢筋上

(d) 压接另一半套筒

图 5-16　预制半个钢筋接头工序示意

（2）按照钢套筒压痕的位置标记，对正压模位置，并使压模运动方向与钢筋两纵肋所在的平面相垂直，即保证最大压接面能够在钢筋的横肋上。

压痕一般由各生产厂家根据各自设备、压模刃口的尺寸与形状，通过在其所售钢套筒上喷上挤压道数标志或出厂技术文件中确定。凡是属于压痕道数只在出厂技术文件中确定的，均应在施工现场按出厂技术文件涂刷压接标记，压痕宽度为 12mm（允许偏差 ±1mm）、压痕间距为 4mm（允许偏差 ±1.5mm），如图 5-17 所示。

图 5-17　钢套筒（G32）的尺寸及压接
标志（单位：mm）

5.5.3　带肋钢筋套筒轴向挤压连接

5.5.3.1　钢筋径向挤压连接原理

钢筋轴向挤压连接是采用挤压机与压模对钢套筒及插入的两根对接钢筋，朝其轴向方向进行挤压，使套筒咬合到带肋钢筋的肋间，并使其结合成一体，如图5-18所示。

图 5-18　钢筋轴向挤压

1—压模；2—钢套管；3—钢筋

5.5.3.2　钢筋径向挤压连接

（1）为能够准确地判断钢筋伸入钢套筒内的长度，首先应在钢筋两端用标尺画出油漆标志线。

（2）选定套筒与压模，并使其配套。

（3）接好泵站电源及其与半挤压机（或挤压机）的超高压油管。

（4）启动泵站，按下手控开关的"上"、"下"按钮，往复动作油缸几次，检查泵站与半挤压机（或挤压机）是否正常。

（5）一般采取预先压接半个钢筋接头后，再运往作业地点进行另半个钢筋接头的整根压接连接。

（6）半根钢筋挤压作业步骤，见表5-28。

（7）整根钢筋挤压作业步骤，见表5-29。

（8）压接后的接头，其套筒握裹钢筋的长度应当达到油漆标记线，对于达不到的接头，可以采取绑扎补强钢筋或切去重新压接措施。

表 5-28 半根钢筋挤压作业步骤

步骤顺序	图示	说明
1	压模座　限位器 压模　套管　液压缸	装好高压油管和钢筋配用的限位器、套管、压模,并在压模内孔涂羊油
2		按手控"上"按钮,使套管对正压模内孔,再按手控"停止"按钮
3		插入钢筋,顶在限位器立柱上,扶正
4		按手控"上"按钮,进行挤压
5		当听到溢流"吱吱"声,再按手控"下"按钮,退回柱塞,取下压模
6		取出半套管接头,挤压作业结束

表 5-29　整根钢筋挤压作业步骤

步骤顺序	图示	说明
1		将半套管接头，插入结构钢筋，挤压机就位
2	压模　垫板B	放置与钢筋配用的垫块 B 和压模
3		按手控"上"按钮，进行挤压，听到"吱吱"溢流声
4	导向板　垫板C	按手控"下"按钮，退回柱塞及导向板；装上垫块 C
5		按手控"上"按钮，进行挤压
6	垫板D	按手控"下"按钮，退回柱塞，再加垫块 D
7		按手控"上"按钮，进行挤压；再按手控"下"按钮，退回柱塞
8		取下垫块、模具、挤压机，接头挤压连接完毕

（9）压接后的接头应用量规检测，见表 5-30。凡是量规通不过的套筒接头，均应补压一次。如果仍达不到要求，则需要换压模再行挤压。经过两次挤压，套筒接头仍达不到要求的压模，不得再继续使用。

表 5-30　量规外形尺寸及通过尺寸　　　单位：mm

量规简图	通过尺寸 A		
	$\phi25$	$\phi28$	$\phi32$
	39.1	43	49.2

5.5.4　质量检验

带肋钢筋套筒挤压连接的质量检验参照本章 5.3.5 部分的相关内容。

5.5.5　套筒挤压连接异常现象与消除措施

在套筒挤压连接中，若出现异常现象或连接缺陷时，应按表 5-31 查找原因，采取措施，及时消除。

表 5-31　套筒挤压连接异常现象及消除措施

异常现象和缺陷	原因或消除措施
挤压机无挤压力	(1)高压油管连接位置不正确 (2)油泵故障
钢套筒套不进钢筋	(1)钢筋弯折或纵肋超偏差 (2)砂轮修磨纵肋
压痕分布不均匀	压接时，将压模与钢套筒的压接标志对正
接头弯折超过规定值	(1)压接时摆正钢筋 (2)切除或调直钢筋弯头

续表

异常现象和缺陷	原因或消除措施
压接程度不够	(1)泵压不足 (2)钢套筒材料不符合要求
钢筋伸入套筒内长度不够	(1)未按钢筋伸入位置、标志挤压 (2)钢套筒材料不符合要求
压痕明显不均匀	检查钢筋在套筒内的伸入度是否有压空现象

5.6 钢筋套筒灌浆连接

5.6.1 概述

钢筋套筒灌浆连接是用高强、快硬的无收缩无机浆料填充在钢筋与灌浆套筒连接件之间，浆料凝固硬化后形成钢筋接头。灌浆连接主要适用于预制装配式混凝土结构中的竖向构件、横向构件的钢筋连接，也可以用于混凝土后浇带钢筋连接、钢筋笼整体对接及加固补强等方面，可以连接直径为 12~40mm 热轧带肋钢筋或余热处理钢筋。

5.6.2 钢筋套筒灌浆连接施工操作

首先将灌浆料按照规定水灰比称量后加水搅拌均匀，然后将灰浆从注浆口注入套筒中。当采用构件上端预埋套筒时，可以预先注入灰浆，然后将上层构件接头钢筋插入套筒灰浆内；当采用构件下端预埋套筒方式时，在构件安装完毕后自下端注入口注入灰浆到上端排出口出浆为止，然后堵塞上下口；用于水平接头时，应将套筒套入一端的插筋内，待另一端构件安装完毕之后，再将套筒推到接头中间，然后固定套筒注入灰浆，即可完成全部接头。

（1）灌浆套筒结构和材料要求。灌浆套筒的结构形式和主要部位尺寸应当符合《钢筋连接用灌浆套筒》（JG/T 398—2012）的有关规定。全灌浆套筒的中部、半灌浆套筒的排浆孔位置在计入最大负公差后的屈服承载力和抗拉承载力的设计应当符合《钢筋机械连接技术规程》(JGJ 107—2016)的规定；套筒长度应当根据试验确定，且灌浆连接端长度不宜小于 8 倍钢筋直径，灌浆套筒中间轴向定位点两侧应当预留钢筋安装调整长度，预制端不应小于 10mm，现场装配端不应小于 20mm。剪力槽两侧凸台轴向厚度不应小于 2mm；剪力槽的数量应当符合表 5-32 的规定。

表 5-32   灌浆套筒剪力槽数量

连接钢筋直径/mm	12～20	22～32	36～40
剪力槽数量/个	≥3	≥4	≥5

机械加工灌浆套筒的壁厚不应小于 3mm，铸造灌浆套筒的壁厚不应小于 4mm。铸造灌浆套筒宜选用球墨铸铁，机械加工灌浆套筒宜选用优质碳素结构钢、低合金高强度结构钢、合金结构钢或其他经过接头型式检验确定符合要求的钢材。采用球墨铸铁制造的灌浆套筒，材料在符合《球墨铸铁件》(GB/T 1348—2009)的规定同时，其材料性能应当符合表 5-33 的规定。

表 5-33   球墨铸铁灌浆套筒的材料性能

项　　目	性能指标
抗拉强度 δ_b/MPa	≥550
断后伸长率 δ_5/%	≥5
球化率/%	≥85
硬度(HBW)	180～250

采用优质碳素结构钢、低合金高强度结构钢、合金结构钢加工的灌浆套筒，其材料的机械性能应符合《优质碳素结构钢》(GB/T 699—2015)、《低合金高强度结构钢》(GB/T 1591—2008)、《合金结构钢》(GB/T 3077—2015) 和《结构用无缝钢管》(GB/T 8162—2008) 的规定，同时尚应符合表 5-34 的规定。

表 5-34　钢制灌浆套筒的材料性能

项　目	性能指标
屈服强度 σ'_s/MPa	$\geqslant$355
抗拉强度 σ'_b/MPa	$\geqslant$600
断后伸长率 δ'_5/%	$\geqslant$16

（2）灌浆套筒尺寸偏差和外观质量要求。灌浆套筒的尺寸偏差应当符合表 5-35 的规定。

表 5-35　灌浆套筒尺寸偏差

项　目	灌浆套筒尺寸偏差					
	铸造灌浆套筒			机械加工灌浆套筒		
钢筋直径/mm	12～20	22～32	36～40	12～20	22～32	36～40
外径允许偏差/mm	±0.8	±1.0	±1.5	±0.6	±0.8	±0.8
壁厚允许偏差/mm	±0.8	±1.0	±1.2	±0.5	±0.6	±0.8
长度允许偏差/mm	±(0.01×L)			±2.0		
锚固段环形突起部分的内径允许偏差/mm	±1.5			±1.0		
锚固段环形突起部分的内径最小尺寸与钢筋公称直径差值/mm	$\geqslant$10			$\geqslant$10		
直螺纹精度	—			GB/T 197—2003 中 6H 级		

注：L 为试样长度。

铸造灌浆套筒内外表不应有影响使用性能的夹渣、冷隔、砂眼、缩孔、裂纹等质量缺陷问题；机械加工灌浆套筒表面不应有裂纹影响接头性能的其他缺陷问题，端面和外表面的边棱处应无尖棱、毛刺。灌浆套筒外表面标识应当清晰，表面不应有锈皮。

（3）钢筋套筒连接用灌浆料。钢筋连接用套筒灌浆料是以水泥为基本材料，配以适当的细骨料，以及少量的混凝土外加剂和其他材料组成的干混料，加水搅拌后具有大流动度、早强、高强、微膨胀等性能，填充于套筒和带肋钢筋间隙内，形成钢筋套筒灌浆连接接头，简称为"套筒灌浆料"。

钢筋套筒连接用灌浆料的性能应符合表 5-36 的要求。

表 5-36　钢筋套筒连接用灌浆料的性能

检测项目		性能指标
流动度/mm	初始	≥300
	30min	≥260
抗压强度/MPa	1d	≥35
	3d	≥60
	28d	≥85
竖向膨胀率/%	3h	≥0.02
	24h 与 3h 差值	0.02~0.5
氯离子含量/%		≤0.03
泌水率/%		0

（4）套筒灌浆施工规定。套筒灌浆连接施工前应当制定套筒灌浆操作的专项质量保证措施，套筒灌浆连接时所用的有关材料、机具、作业人员应满足专项施工检查和质量控制要求；被连接钢筋与套筒中心线的偏移量不应超过 5mm，灌浆操作全过程应当有人员旁站监督施工；灌浆料应当由经培训合格的专业人员按照配比要求计量灌浆材料和水的用量，经搅拌均匀后测定其流动度满足标准要求后方可灌注；搅拌的浆料应当在制备后 30min 内用完，灌浆作业应当采取压浆法从下口灌注，当浆料从上口流出时应当及时封堵，待压 30s 后再封堵下口；灌浆作业应当及时形成施工质量检查记录表，并按照要求每工作班制作一组 40mm×40mm×160mm 的长方体试件；冬期施工时环境温度应在 5℃以上，并应当对连接处采取加热保温措施，确保浆料在 48h 凝结硬化过程中连接部位温度不低于 10℃。

混凝土框架或剪力墙结构中装配节点灌浆套筒连接区，后浇混凝土、砂浆或水泥浆强度均达到设计要求后，方可承受全部设计荷载。混凝土浇筑时，应当采取留置必要数量的同条件试块或其他混凝土实体强度检测措施，以核对混凝土的强度已达到后续施工的条件。临时固定措施，可在不影响结构安全性前提下分阶段拆除，对拆除方法、时间及顺序，应当事先进行验算及制订方案。拆除临时固定措施前，应当确认装配式结构达到后续施工的承载能力、刚度及稳定性要求。

套筒和钢筋宜配套使用，连接钢筋型号可比套筒型号小一级，预留钢筋型号可比套筒型号大一级；连接钢筋和预留钢筋伸入套筒内长度的偏差应当分别在 $\pm 20\text{mm}$ 和 $0\sim 10\text{mm}$ 范围内；连接钢筋和预留钢筋应对中、顺直，在套筒内每 1000mm 偏移量不应大于 10mm；相邻套筒的间距不应小于 20mm；用于柱的主筋连接时，套筒区段内柱的箍筋间距不应当大于 100mm；用于抗震墙或承重墙的主筋续接时，应当沿套筒全长设置加强螺旋筋，螺旋筋直径不应当小于 6mm，螺距不应当大于 80mm；拆除采用套筒灌浆连接构件的临时支撑或使其承受由相邻构件传来的荷载时，同条件养护的砂浆试块立方体抗压强度不应当小于 35MPa。钢筋套筒灌浆连接接头如图 5-19 所示。

图 5-19　钢筋套筒灌浆连接接头示意
1—连接钢筋；2—灌浆排出口；3—柱底；4—预留钢筋
L—试样长度；D—直径

（5）钢筋套筒灌浆螺纹连接技术连接。钢筋套筒灌浆螺纹连接技术采用灌浆一直螺纹复合连接结构，接头一端采用等强直螺纹连接，套筒直螺纹连接段，可以采用剥肋滚轧直螺纹连接，也可以采用镦粗直螺纹连接，连接螺纹孔底部设有限位凸台，使钢筋直螺纹丝头拧到规定位置后可顶紧在凸台上，进而降低了直螺纹配合间隙；另一端采用套筒灌浆连接，套筒灌浆连接段内壁设计为多个凹槽与凸肋交替的结构，能够保证钢筋受拉或受压时套筒与水泥砂浆、水泥砂浆与钢筋之间的连接达到设计承载力，如图 5-20 所示。接头灌浆材料均采用水泥基灌浆材料，由水泥基胶凝材料、细骨料、外加剂和矿物掺合料等原材料组成，并具备合理级配的一种干混料，加适当比例的水，均匀搅拌即可使用。钢筋连接灌浆材料不仅能够在套筒灌浆腔内壁和钢筋之间快速流动，密实填充，而且操作时间长，在无养护条件下快硬、高强。与传统灌浆接头相比，接头一端采用等强直螺纹连接，钢筋的连接长度以及套筒长度可以大大减小，达到节约钢材的目的，又可以缩短连接时间，加快施工进度。

图 5-20　钢筋套筒灌浆—直螺纹连接接头

1—螺纹连接端钢筋；2—接头灌浆料；3—连接套筒；4—灌浆端带肋钢筋

　　钢筋套筒灌浆直螺纹连接施工包括螺纹接头连接和灌浆连接两部分，这两部分的生产加工分别在预制构件生产工厂内和建筑施工现场进行，其连接施工工艺如图 5-21 所示。

图 5-21　钢筋套筒灌浆连接施工

　　在构件连接施工现场，当构件为竖向安装的墙板时，套筒灌浆可以采用图 5-22 所示方式，将砂浆从接头下方灌浆口注入，直至接头上端排浆孔流出砂浆，一个接头灌浆结束。为了加快灌浆速度，可以在构件间建立一个连通的灌浆腔，从一个接头套筒灌浆腔注入砂浆，直到该构件全部接头依次充满砂浆。

当预制构件为横向安装的梁或楼板时，可以采用图 5-23 所示方式灌浆，套筒的灌浆孔和排浆孔口向上，从套筒一端灌浆孔注入砂浆，直到另一端排浆孔流出砂浆。也可以反之，从排浆孔灌入砂浆，至灌浆孔有砂浆流出。

图 5-22　竖向接头灌浆示意　　　　图 5-23　横向接头灌浆示意

5.7　带肋钢筋熔融金属充填接头连接

5.7.1　概述

钢筋热剂焊的基本原理为，将容易点燃的热剂（通常为铝粉、氧化铁粉、某些合金元素相混合的粉末）填入于石墨坩埚当中，然后点燃，形成放热反应，使氧化铁粉还原成液态钢水，温度在 2500℃以上，穿过坩埚底部的封口片（小圆钢片），经石墨浇注槽，注入两钢筋间预留间隙，使钢筋端面熔化，冷却后，形成钢筋焊接接头。为了确保钢筋端部的充分熔化，必须设置预热金属储存腔，让最初进入铸型的高温钢水在流过钢筋间缝隙后进入预热金属储存腔时，将钢筋端部预热，而后续浇注的钢水则填满钢筋接头缝隙，冷却后形成牢固焊接接头，焊接如图 5-24 所示。

(a) 水平位置　　　　　　　　　　(b) 垂直位置

图 5-24　钢筋热剂焊接

1—高温火柴；2—钢筋；3—预热金属储存腔；4—石棉；5—型砂；

6—封口片；7—热剂；8—带有出钢口的坩埚；9—坩埚盖

此种方法亦称钢筋铝热焊；由于工艺比较繁杂，已很少使用。

5.7.2　连接工艺

（1）钢筋准备。钢筋端面必须切平，最好采用圆片锯切割；当采用气割时，应当事先将附在切口端面上的氧化皮、熔渣清除干净。

（2）套筒制作。钢套筒通常采用 45 号优质碳素结构钢或低合金结构钢制成。

在设计连接套筒的横截面面积时，套筒的屈服承载力应当大于或等于钢筋母材屈服承载力的 1.1 倍，套筒的抗拉承载力应大于或是等于钢筋母材抗拉承载力的 1.1 倍。套筒内径与钢筋外径之间应当留一定间隙，以使钢水能顺畅地注入各个角落。

设计连接套筒的长度时，应当考虑充填金属抗剪承载力。充填金属抗剪承载力等于充填金属抗剪强度乘钢筋外圆面积（套筒长度乘钢筋外圆长度）。充填金属的抗剪强度可按照其抗拉强度 0.6 倍计算。钢筋母材承载力等于国家标准中规定的屈服强度或抗拉强度乘公称横截面面积。充填金属抗拉强度可按 Q215 钢材的抗拉强度 335N/mm^2 计算。

设计连接套筒的内螺纹或齿状沟槽时，应当考虑套筒与充填金属之间具有良好的锚固力（咬合力）。应当在连接套筒接近中部的适当位置加工一小圆孔，以便钢水从此注入。

（3）热剂准备。热剂的主要成分为雾滴状或花瓣状铝粉和鱼鳞状氧化铁粉，两者比例应当通过计算和试验确定。为了提高充填金属的强度，在必要时，可加入少量合金元素。热剂中两种主要成分应当调和均匀。如果是购入袋装热剂，在使用前应当抛摔几次，务必使其拌和均匀，以确保反应充分进行。

（4）坩埚准备。坩埚通常由石墨制成，也可以由钢板制成，内部涂以耐火材料。耐火材料由清洁而很细的石英砂 3 份及黏土 1 份，再加 1/10 份胶质材料相均匀混合，并放水 1/12 份，使产生合宜的混合体。如果是手工调和，则在未曾混合之前，砂与黏土必须是干燥的，该两种材料经混合后，才可以加入胶质材料和水。其中，水分应越少越好。胶质材料常用的为水玻璃。

坩埚内壁涂毕耐火材料后，应当缓缓使其干燥，直至无潮气存在；如果加热干燥，其加热温度不得超过 150℃。

当工程中大量使用该种连接方法时，所有不同规格的连接套筒、热剂、坩埚、一次性衬管、支架等均可以由专门工厂批量生产，包装供应，方便施工。

5.7.3　现场操作

（1）固定钢筋。安装并固定钢筋，使两钢筋之间，留有约 5mm 的间隙。

（2）安装连接套筒。安装连接套筒，使套筒中心在两钢筋端面之间。

（3）固定坩埚。用支架固定坩埚，放好坩埚衬管、放正封口片；安装钢水浇注槽（导流块），连接好钢水出口与连接套筒的注入孔。用耐火材料封堵所有连接处的缝隙。

（4）坩埚使用。为防止坩埚形成过热，一个坩埚不应重复使用15～20min之久。如果希望连接作业，应当配备几个坩埚轮流使用。在使用前，应当彻底清刷坩埚内部，但不得使用钢丝刷或金属工具。

（5）热剂放入。先将少量热剂粉末倒入坩埚，检查是否有粉末从底部漏出。然后将所有热剂徐徐地放入，不可以全部倾倒，避免失去其中良好的调和状况。

（6）点火燃烧。全部准备工作完成之后，用点火枪或高温火柴点火，热剂开始化学反应过程。之后，迅速盖上坩埚盖。

（7）钢水注入套筒。热剂化学反应过程通常为4～7s，稍待冶金反应平静指后，高温的钢水熔化封口片，随即流入预置的连接套筒内，填满所有间隙。

（8）扭断结渣。冷却之后，立即慢慢来回转动坩埚，以便扭断浇口至坩埚底间的结渣。

（9）拆卸各项装置。卸下坩埚、导流块、支承托架和钢筋固定装置，去除浇冒口，清除接头附近的熔渣杂物，连接工作结束。

5.8　钢筋机械连接常见问题与解决方法

5.8.1　直螺纹连接不合格

（1）直螺纹连接不合格主要表现。如图5-25所示，钢筋螺纹连接不规范。

（2）产生原因。直螺纹连接不到位，直螺纹接头外露螺纹偏多，有的套筒和钢筋直径不配套。

（3）解决方法。在现场施工过程中应当建立完善的质量验收制度、有专业的技术人员进行指导施工，发现连接不合格的应当立即进行整改，整改后再报有关部门进行验收。

① 钢筋直螺纹连接加工与安装时要注意的几个问题

a. 丝头加工长度为标准型套筒长度的1/2，其公差为＋2P

(a) 连接不到位　　　　(b) 螺纹过多

(c) 连接件缺损

图 5-25　钢筋螺纹连接不规范

（P 为螺距，下同）。

　　b. 连接钢筋时，检查套筒和钢筋的规格是否一致，钢筋和套筒的螺纹是否干净、完好无损，连接套筒的位置、规格和数量应当符合设计的要求。经检查无误后拧下钢筋螺纹保护帽和套筒保护帽，手工将两个待接钢筋的丝头拧入套筒中两到三个扣，以钢筋不脱离套筒为准，然后由两名操作工人各持一把力矩扳手，一把咬住钢筋，另一把咬住套筒，检查两钢筋螺纹在连接套两端外露应当尽量一致，并确保偏差量不大于 $1P$，再用两把力矩扳手共同用力直到接头拧紧为止。对已经拧紧的接头做标记，与未拧紧的接头区分开。

　　② 直螺纹钢筋接头的安装质量应当符合的要求

　　a. 在安装接头时，可以用管钳扳手拧紧，应当使钢筋丝头在套筒中央位置相互顶紧。标准型接头安装后的外露螺纹不宜超过 $2P$。

　　b. 安装后应用扭力扳手校核拧紧扭矩，拧紧扭矩值应当符合表 5-37 的规定。

表 5-37 直螺纹钢筋接头安装时的最小拧紧扭矩值

钢筋直径/mm	≤16	18~20	22~25	28~32	36~40
拧紧力矩/N·m	100	200	260	320	360

c. 校核用扭力扳手的准确度级别可以选用 10 级。

d. 钢筋连接应当做到表面顺直、端面平整,其截面与钢筋轴线垂直,不得歪斜、滑丝。

e. 对个别经检验不合格的接头,可以采用电弧焊贴角焊缝方法补强,但其焊缝高度和厚度应由施工、设计、监理人员共同确定,持有焊工考试合格证的人员才能够施焊。

5.8.2 螺纹加工长度不够

(1)螺纹加工长度不够主要表现。施工现场问题主要表现为螺纹长度不够(图 5-26)、螺纹不合格、螺纹受损。

(2)产生原因。在钢筋加工时没有很好地进行技术交底,工人对工艺不熟练,钢筋螺纹加工不到位,影响后续连接质量。

(3)解决方法。施工时应当认真地进行技术交底,找经验丰富的工人进行螺纹加工。发现加工不合格的应重新进行加工,使其螺纹加工长度符合要求以确保质量合格。

图 5-26 钢筋加工长度不够

① 钢筋同径连接的加工要求。钢筋同径连接的加工要求应符合表 5-38 的规定。

表 5-38 钢筋同径连接的加工要求

直径/mm	20	22	25	28	32	36	40
L/mm	30	32	35	38	42	46	50

注:L 为接头试件连接件长度。

② 直螺纹接头的现场加工应当符合的规定。

a. 钢筋端部应当切平或镦平后再加工螺纹。

b. 墩粗头不得有与钢筋轴线相垂直的横向裂纹。

c. 钢筋螺纹长度应满足企业标准中产品设计要求,公差应当为 0～2P。

d. 钢筋螺纹宜满足 6f 级精度要求，应当用专用直螺纹量规检验，通规能顺利旋入并达到要求的拧入长度，止规旋入不得超过 3P。抽检数量 10％，检验合格率不应当小于 95％。

③ 直螺纹加工质量检查可以从下述几个方面进行。

a. 连接套必须逐个检查，要求管内螺纹圈数、螺距、齿高等必须与锥纹校验塞规相咬合；螺纹无损破、歪斜、不全、滑丝、混丝现象，螺纹处无锈蚀。

b. 目测牙型饱满，压顶宽超过 0.75mm 的秃牙部分累计长度不超过 1/2 螺纹周长。

c. 螺纹长度检查：长度不小于连接套的 1/2，允许偏差为 (0，±2mm)。

5.8.3　柱筋的螺纹外露过多

（1）柱筋的螺纹外露过多主要表现。施工现场问题主要表现为柱筋的螺纹外露过多、连接不规范、连接不到位。

（2）产生原因。通常而言，套丝机调好了套螺纹长度都是固定的，如果没有出现大范围的套丝外漏过多的话跟加工就没有多少关系，主要还是现场连接时工人偷懒，连接未拧紧。根据《钢筋机械连接技术规程》（JGJ 107—2016）中的规定，旋紧后螺纹外露不应当超过 2 个扣，一端露出这么多，肯定旋入时不到位，中间的空隙过大，将大大降低钢筋的受力性能。

（3）解决方法。在实际施工中，这种错误出现的概率较高，一般都是因为施工人员责任心不到位，或疏忽大意所导致的，可从以下两个方面加以防止。

① 按照规定的力矩值，用力矩扳手拧紧接头，应当使钢筋螺纹在套筒中央位置相互顶紧，标准型接头安装后的外露螺纹不宜超过 2P。

② 连接完的接头必须立即用油漆做上标志，防止漏拧。

此外，在钢筋接头安装连接之后，应当进行检查，避免出现质量问题。随机抽取同规格接头数的 10％进行外观检查，应当满足钢筋与连接套的规格一致。

6 钢筋焊接连接

6.1 钢筋的焊接性和基本规定

6.1.1 钢筋的焊接性

焊接性包括工艺焊接性和使用焊接性两个方面。

（1）工艺焊接性。即接合性能，指在一定焊接工艺条件下焊接接头中出现各种裂纹及其他工艺缺陷的敏感性和可能性。这种敏感性和可能性越大，则其工艺焊接性越差。

（2）使用焊接性。指在一定焊接条件下焊接接头对使用要求的适应性，及影响使用可靠性的程度。这种适应性和使用可靠性越大，则其使用焊接性越好。

6.1.2 基本规定

（1）各种焊接方法的适用范围。钢筋在焊接时，各种焊接方法的适用范围应当符合表6-1的规定。

（2）钢筋焊接一般规定

① 电渣压力焊适用于柱、墙、构筑物等现浇混凝土结构中竖

表 6-1　钢筋焊接方法的适用范围

焊接方法		接头型式	适用范围	
			钢筋牌号	钢筋直径/mm
电阻点焊			HPB300	6～16
			HRB335　HRBF335	6～16
			HRB400　HRBF400	6～16
			HRB500　HRBF500	6～16
			CRB550	4～12
			CDW550	3～8
闪光对焊			HPB300	8～22
			HRB335　HRBF335	8～40
			HRB400　HRBF400	8～40
			HRB500　HRBF500	8～40
			RRB400W	8～32
箍筋闪光对焊			HPB300	6～18
			HRB335　HRBF335	6～18
			HRB400　HRBF400	6～18
			HRB500　HRBF500	6～18
			RRB400W	8～18
电弧焊	帮条焊	双面焊	HPB300	10～22
			HRB335　HRBF335	10～40
			HRB400　HRBF400	10～40
			HRB500　HRBF500	10～32
			RRB400W	10～25
		单面焊	HPB300	10～22
			HRB335　HRBF335	10～40
			HRB400　HRBF400	10～40
			HRB500　HRBF500	10～32
			RRB400W	10～25
	搭接焊	双面焊	HPB300	10～22
			HRB335　HRBF335	10～40
			HRB400　HRBF400	10～40
			HRB500　HRBF500	10～32
			RRB400W	10～25
		单面焊	HPB300	10～22
			HRB335　HRBF335	10～40
			HRB400　HRBF400	10～40
			HRB500　HRBF500	10～32
			RRB400W	10～25

焊接方法		接头型式	适用范围	
			钢筋牌号	钢筋直径/mm
电弧焊	熔槽帮条		HPB300	20～22
			HRB335　HRBF335	20～40
			HRB400　HRBF400	20～40
			HRB500　HRBF500	20～32
			RRB400W	20～25
	坡口焊 平焊		HPB300	18～22
			HRB335　HRBF335	18～40
			HRB400　HRBF400	18～40
			HRB500　HRBF500	18～32
			RRB400W	18～25
	坡口焊 立焊		HPB300	18～22
			HRB335　HRBF335	18～40
			HRB400　HRBF400	18～40
			HRB500　HRBF500	18～32
			RRB400W	18～25
	钢筋与钢板搭接焊		HPB300	8～22
			HRB335　HRBF335	8～40
			HRB400　HRBF400	8～40
			HRB500　HRBF500	8～32
			RRB400W	8～25
	窄间隙焊		HPB300	16～22
			HRB335　HRBF335	16～40
			HRB400　HRBF400	16～40
			HRB500　HRBF500	18～32
			RRB400W	18～25
	预埋件钢筋 角焊		HPB300	6～22
			HRB335　HRBF335	6～25
			HRB400　HRBF400	6～25
			HRB500　HRBF500	10～20
			RRB400W	10～20
	预埋件钢筋 穿孔塞焊		HPB300	20～22
			HRB335　HRBF335	20～32
			HRB400　HRBF400	20～32
			HRB500	20～28
			RRB400W	20～28

续表

焊接方法			接头型式	适用范围	
				钢筋牌号	钢筋直径/mm
电弧焊	预埋件钢筋	埋弧压力焊		HPB300	6～22
		埋弧螺柱焊		HRB335　HRBF335	6～28
				HRB400　HRBF400	6～28
电渣压力焊				HPB300	12～22
				HRB335	12～32
				HRB400	12～32
				HRB500	12～32
气压焊	固态			HPB300	12～22
				HRB335	12～40
	熔态			HRB400	12～40
				HRB500	12～32

注：1. 电阻点焊时，适用范围的钢筋直径指两根不同直径钢筋交叉叠接中较小钢筋的直径。

2. 电弧焊含焊条电弧焊和二氧化碳气体保护电弧焊两种工艺方法。

3. 在生产中，对于有较高要求的抗震结构用钢筋，在牌号后加 E，焊接工艺可以按照同级别热轧钢筋施焊；焊条应当采用低氢型碱性焊条。

4. 生产中。如果有 HPB235 钢筋需要进行焊接时，可以按照 HPB300 钢筋的焊接材料和焊接工艺参数，以及接头质量检验与验收的有关规定施焊。

向受力钢筋的连接；不得在竖向焊接后横置于梁、板等构件中作水平钢筋用。

② 在工程开工正式焊接之前，参与该项施焊的焊工应进行现场条件下的焊接工艺试验，并经过试验合格后，方可正式生产。试验结果应符合质量检验与验收时的要求。

③ 钢筋焊接施工之前，应清除钢筋、钢板焊接部位以及钢筋与电极接触处表面上的锈斑、油污与杂物等；当钢筋端部有弯折、扭曲时，应予以矫直或切除。

④ 带肋钢筋进行闪光对焊、电弧焊、电渣压力焊与气压焊时，应将纵肋对纵肋安放和焊接。

⑤ 当采用低氢型碱性焊条时，应按使用说明书的要求烘焙，

且应放入保温筒内保温使用；酸性焊条如果在运输或存放中受潮，使用前应烘焙后，方可使用。

⑥ 焊剂应存放在干燥的库房内，当受潮时，在使用前应经250～300℃烘焙2h。使用中回收的焊剂应清除熔渣和杂物，并应与新焊剂混合均匀后使用。

⑦ 在环境温度低于−5℃条件下施焊时，焊接工艺应符合下列要求。

a. 闪光对焊时，应采用预热闪光焊或闪光-预热闪光焊；可以增加调伸长度，采用较低变压器级数，增加预热次数和间歇时间。

b. 电弧焊时，应当增大焊接电流，减低焊接速度。电弧帮条焊或搭接焊时，第一层焊缝应从中间引弧，向两端施焊；以后各层控温施焊，层间温度控制在150～350℃之间。多层施焊时，可以采用回火焊道施焊。

c. 当环境温度低于-20℃时，不应进行各种焊接。

⑧ 雨天、雪天不宜在现场进行施焊；必须施焊时，应采取有效遮蔽措施。焊后未冷却接头不得碰到冰雪。在现场进行闪光对焊或电弧焊，当风速超过7.9m/s时，应采取挡风措施。进行气压焊，当风速超过5.4m/s时，应采取挡风措施。

⑨ 进行电阻点焊、闪光对焊、电渣压力焊、埋弧压力焊时，应随时观察电源电压的波动情况，当电源电压下降大于5%，小于8%时，应采取提高焊接变压器级数的措施；当大于或等于8%时，不得进行焊接。

⑩ 焊机应经常维护保养和定期检修，确保正常使用。

⑪ 对从事钢筋焊接施工的班组及有关人员应经常进行安全生产教育，执行现行国家标准《焊接与切割安全》（GB 9448—1999）中有关规定，对氧、乙炔、液化石油气等易燃、易爆材料，应妥善管理，注意周边环境，制定和实施各项安全技术措施，加强焊工的劳动保护，防止发生烧伤、触电、火灾、爆炸以及烧坏焊接设备等事故。

6.2　钢筋电弧焊

6.2.1　概述

钢筋电弧焊是最常见的焊接方法，它是利用电弧产生的高温，集中热量熔化钢筋端面与焊条末端，使焊条金属过渡到熔化的焊缝内，待金属冷却凝固后，便形成焊接接头，如图 6-1 所示。

图 6-1　钢筋电弧焊示意

1—焊条；2—钢筋；3—电弧；4—熔池；5—熔渣；6—保护气体

钢筋电弧焊的接头形式较多，主要有帮条焊、搭接焊、坡口焊、熔槽帮条焊等。其中，帮条焊、搭接焊有双面焊、单面焊之分；坡口焊有平焊、立焊之分。

另外，还有钢筋与钢板的搭接焊、钢筋与钢板垂直的预埋件 T 形接头电弧焊。这些接头形式分别适用于不同牌号、不同直径的钢筋。

6.2.2　焊条

钢筋电弧焊所采用的焊条主要有碳钢焊条与低合金钢焊条。焊条型号根据熔敷金属的抗拉强度、焊接位置和焊接形式选用。

6.2.2.1　一般要求

电弧焊所采用的焊条应符合现行国家标准《非合金钢及细晶粒钢焊条》（GB/T 5117—2012）或《热强钢焊条》（GB/T 5118—2012）的规定，其型号应根据设计确定；如果设计无规定时，可按

表 6-2 选用。

表 6-2　钢筋电弧焊焊条型号

钢筋牌号	电弧焊接头形式			
	帮条焊搭接焊	坡口焊熔槽帮条焊预埋件穿孔塞焊	窄间隙焊	钢筋与钢板搭接焊预埋件 T 形角焊
HPB300	E4303	E4303	E4316,E4315	E4303
HRB335	E4303	E5003	E5016,E5015	E4303
HRB400	E5003	E5503	E6016,E6015	E5003
RRB400	E5003	E5503	—	—

6.2.2.2　焊条型号划分

根据熔敷金属的抗拉强度，焊条型号可以分为 E43 系列、E50 系列与 E55 系列三种，它们分别表示抗拉强度高于等于 420MPa、490MPa 与 540MPa。在个别情况下，钢筋施工也应用 E60 系列的焊条。

焊条型号全称中的字母"E"表示焊条；后接的前两位数字表示熔敷金属抗拉强度的最小值（以 0.1MPa 计）；第三位数字表示焊条的焊接位置，"0"及"1"表示焊条适用于全位置焊接（平焊、立焊、仰焊或横焊），"2"表示焊条适用于平焊及平角焊，"4"表示焊条适用于向下立焊；第三位和第四位数字组合时表示焊接电流种类及药皮类型。

6.2.2.3　碳钢焊条型号

碳钢焊条包括 E43 系列、E50 系列以及 E57 系列，它们的型号分别见表 6-3 和表 6-4。表 6-4 中 E5018M 的"M"表示耐吸潮和力学性能有特殊规定的焊条。

表 6-3　E43 系列焊条型号

焊条型号	药皮类型	焊接位置[①]	电流种类
E4303	钛型	全位置[②]	交流和直流正、反接
E4310	纤维素	全位置	直流反接
E4311	纤维素	全位置	交流和直流反接
E4312	金红石	全位置[②]	交流和直流正接
E4313	金红石	全位置[②]	交流和直流正、反接

续表

焊条型号	药皮类型	焊接位置①	电流种类
E4315	碱性	全位置②	直流反接
E4316	碱性	全位置②	交流和直流反接
E4318	碱性＋铁粉	全位置②	交流和直流反接
E4319	钛铁矿	全位置②	交流和直流正、反接
E4320	氧化铁	PA、PB	交流和直流正接
E4324	金红石＋铁粉	PA、PB	交流和直流正、反接
E4327	氧化铁＋铁粉	PA、PB	交流和直流正、反接
E4328	碱性＋铁粉	PA、PB、PC	交流和直流反接
E4340	不做规定		由制造商确定

① 焊接位置见《中国煤炭编码系统》（GB/T 16772—1997），其中 PA＝平焊、PB＝平角焊、PC＝横焊。

② 此处"全位置"并不一定包含向下立焊，由制造商确定。

表 6-4　E50、E57 系列焊条型号

焊条型号	药皮类型	焊接位置①	电流种类
E5003	钛型	全位置②	交流和直流正、反接
E5010	纤维素	全位置	直流反接
E5011	纤维素	全位置	交流和直流反接
E5012	金红石	全位置①	交流和直流正接
E5013	金红石	全位置①	交流和直流正、反接
E5014	金红石＋铁粉	全位置①	交流和直流正、反接
E5015	碱性	全位置①	直流反接
E5016	碱性	全位置①	交流和直流反接
E5016-1	碱性	全位置①	交流和直流反接
E5018	碱性＋铁粉	全位置①	交流和直流反接
E5018-1	碱性＋铁粉	全位置①	交流和直流反接
E5019	钛铁矿	全位置①	交流和直流正、反接
E5024	金红石＋铁粉	PA、PB	交流和直流正、反接
E5024-1	金红石＋铁粉	PA、PB	交流和直流正、反接
E5027	氧化铁＋铁粉	PA、PB	交流和直流正、反接
E5028	碱性＋铁粉	PA、PB、PC	交流和直流反接
E5048	碱性	全位置	交流和直流反接
E5716	碱性	全位置②	交流和直流反接
E5728	碱性＋铁粉	PA、PB、PC	交流和直流反接

① 焊接位置见《中国煤炭编码系统》（GB/T 16772—1997），其中 PA＝平焊、PB＝平角焊、PC＝横焊。

② 此处"全位置"并不一定包含向下立焊，由制造商确定。

6.2.2.4　热强钢焊条

低合金钢焊条有 E50 系列、E55 系列与 E62 系列等多种，焊条型号另外补充后缀字母，并应以短划"—"与前面数字分开，成为 E××××—×，后缀字母为熔敷金属的化学成分分类代号。

各类型号焊条的药皮类型、焊接位置、电流种类根据第三位和第四位数字的组合根据表 6-3、表 6-4 取用。

6.2.2.5　焊条药皮类型选用

各种系列的各型号焊条均可用于焊接钢筋，通常采用"03"（型号的第三位和第四位数字），重要结构的钢筋最好采用低氢型碱性焊条"15"或"16"。这三种焊条的特性如下。

(1)"03"这类焊条为钛钙型。此类焊条适用于全位置焊接，焊接电流为交流或直流正、反接。药皮中含质量分数为 30% 以上的氧化钛与 20% 以下的钙或镁的碳酸盐矿；熔渣流动性较好，脱渣容易，电弧稳定，熔深适中，飞溅较少，焊波整齐；主要焊接较重要的碳钢钢筋。

(2)"15"这类焊条为低氢钠型。此类焊条可全位置焊接，焊接电流为直流反接；主要焊接重要的碳钢钢筋，也可焊接与焊条强度相当的低合金钢钢筋。此类焊条的熔敷金属具有良好的抗裂性能与力学性能。药皮主要组成物为碳酸盐矿与萤石，碱度较高；熔渣流动性好，焊接工艺性能一般，焊波较粗，角焊缝略凸，熔深适中，脱渣性较好。焊接时，要求焊条烘干，并采取短弧焊。

(3)"16"这类焊条为低氢钾型。此类焊条主要焊接重要的碳钢钢筋，也可焊接与焊条强度相当的低合金钢钢筋。此类焊条的熔敷金属具有良好的抗裂性能与力学性能。药皮在与"15"型焊条药皮基本相似的基础上添加了稳弧剂，如钾水玻璃等，电弧稳定；工艺性能、焊接位置与"15"型焊条相似；焊接电流为交流或直流反接。

6.2.2.6　焊条的一般技术要求

(1) 根据焊件厚薄、粗细的不同，通常常用的焊条直径为 3.2mm、4.0mm、5.0mm 和 5.6mm，直径的极限偏差为 ±0.05mm。

(2) 焊条夹持端长度为 10～30mm（当焊条直径≤4mm）和

3～15mm（当焊条直径≥5mm）。

（3）药皮。焊条引弧端药皮应当倒角，焊芯端面应露出，从而保证易于引弧。

① 焊条露芯。对于低氢型焊条，沿长度方向的露芯长度不应大于焊芯直径的 1/2，也不应大于 1.6mm；对于其他型号的焊条，沿长度方向的露芯长度不应大于焊芯直径的 1/3，也不应大于 2.4mm。各种直径的焊条沿圆周方向的露芯均不应大于圆周的 1/2。

② 焊条偏心度。直径为 3.2mm 和 4.0mm 的焊条，偏心度不应大于 7%；直径不小于 5.0mm 的焊条，偏心度不应大于 4%。

（4）每箱焊条均必须附有出厂合格证和使用说明书，焊接操作应按说明书执行。

6.2.3 焊剂

常用焊剂牌号及主要用途见表 6-5。

表 6-5 常用焊剂牌号及主要用途

牌号	焊剂类型	电流种类	主要用途
HJ350	中锰、中硅、中氟	交、直流	焊接低碳钢及普通低合金钢
HJ360	中锰、高硅、中氟	交、直流	用于电渣焊大型低碳钢及普通低合金钢
HJ430	高锰、高硅、低氟	交、直流	焊接重要的低碳钢及普通低合金钢
HJ431	高锰、高硅、低氟	交、直流	焊接重要的低碳钢及普通低合金钢
HJ433	高锰、高硅、低氟	交、直流	焊接低碳钢结构,有较高的熔点和黏度

6.2.4 焊接工艺

6.2.4.1 电弧焊接基本要求

钢筋采用电弧焊接时，应符合下列要求。

（1）应当根据钢筋级别、直径、接头形式与焊接位置，选择焊条、焊接工艺和焊接参数。

（2）焊接时，引弧应在垫板、帮条或形成焊缝的部位进行，不得烧伤主筋。

（3）焊接地线与钢筋应接触紧密。

（4）在焊接过程中，应及时清渣，焊缝表面应光滑，焊缝余高应平缓过渡，弧坑应填满。

以上各点对于各牌号钢筋焊接时均适用，尤其是 HRB335、HRB400、RRB400 钢筋焊接时更为重要。如果焊接地线乱搭，与钢筋接触不好，很容易发生起弧现象，烧伤钢筋或局部产生淬硬组织，形成脆断起源点。在钢筋焊接区外随意引弧，同样也会产生上述缺陷，这些都是焊接工人容易忽视而又十分重要的问题。

6.2.4.2　搭接焊

钢筋搭接焊可以采用于直径为 $10\sim40$mm 的热轧光圆及带肋钢筋、直径为 $10\sim25$mm 的余热处理钢筋。焊接时，应采用双面焊。当不能进行双面焊时，也可采用单面焊搭接。搭接长度 l 应与帮条长度相同，见表 6-6 和图 6-2。

表 6-6　钢筋帮条（搭接）长度

钢筋牌号	焊缝形式	帮条长度 l
HPB300	单面焊	$\geqslant8d$
	双面焊	$\geqslant4d$
HRB335 HRB400 RRB400	单面焊	$\geqslant10d$
	双面焊	$\geqslant5d$

注：d 为钢筋直径。

图 6-2　钢筋帮条（搭接）长度示意

钢筋搭接接头的焊缝厚度 h 应小于 $0.3d$（主筋直径）；焊缝宽度 b 不小于 $0.7d$（主筋直径），如图 6-3 所示。焊接前，钢筋应预弯，从而保证两钢筋的轴线在一条直线上，使接头受力性能良好。

图 6-3　焊缝尺寸示意

b—焊缝宽度；h—焊缝厚度

　　钢筋与钢板搭接焊时，接头形式如图 6-4 所示。HPB300 钢筋的接头长度 l 不小于 4 倍钢筋直径，HRB335 钢筋的搭接长度 l 不小于 5 倍钢筋直径，焊缝宽度 b 不小于 $0.5d$（d 为钢筋直径），焊缝厚度 h 不小于 $0.35d$（d 为钢筋直径）。

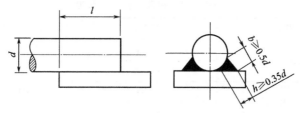

图 6-4　钢筋与钢板搭接接头

d—钢筋直径；l—搭接长度；b—焊缝宽度；h—焊缝厚度

6.2.4.3　帮条焊

　　帮条焊主要适用于直径为 10～40mm 的 HPB300、HRB335、HRB400 钢筋。帮条焊宜采用双面焊，如图 6-5（a）所示；当条件所限不能进行双面焊时，也可采用单面焊，如图 6-5（b）所示。

　　帮条宜采用与主筋同级别、同直径的钢筋制作，其帮条长度为 l，见表 6-6。当帮条直径与主筋相同时，帮条钢筋的级别可比主筋低一个级别；当帮条级别与主筋相同时，帮条直径可比主筋小一个规格。

(a) 双面焊

(b) 单面焊

图 6-5　钢筋帮条焊接头（单位：mm）

d—钢筋直径；l—帮条长度

　　钢筋帮条焊接头的焊缝厚度与宽度的要求同搭接焊。帮条焊时，两主筋端面的间隙应为 2～5mm；帮条与主筋之间，应用四点定位焊固定，定位焊缝与帮条端部的距离应当大于等于 20mm。

6.2.4.4　熔槽帮条焊

　　熔槽帮条焊主要适用于直径为 20～40mm 的 HPB300、HRB335、HRB400 钢筋现场安装焊接和直径为 20～25mm 的 RRB400 钢筋，如图 6-6 所示。

图 6-6　钢筋熔槽帮条焊接头（单位：mm）

　　熔槽帮条焊焊接时，应当加角钢作垫板模。角钢的边长应为

40～60mm，长度应为 80～100mm。熔槽帮条焊焊接工艺应符合
下列要求。

（1）钢筋端头应加工平整，两根钢筋端面的间隙应为
10～16mm。

（2）从接缝处垫板引弧后，应连续施焊，并应使钢筋端头熔
合，防止未焊透、气孔或夹渣。

（3）在焊接过程中，应当停焊清渣一次，焊平后再进行焊缝余
高的焊接，其高度不得大于 3mm。

（4）钢筋与角钢垫板之间，应加焊侧面焊缝 1～3 层，焊缝应
饱满，表面应平整。

6.2.4.5　坡口焊

钢筋坡口焊主要分为坡口平焊接头和坡口立焊接头两种，如图
6-7 所示。钢筋坡口焊适用于直径为 18～40mm 的 HPB300、
HRB335、HRB400 钢筋焊接和直径为 18～25mm 的 RRB400 钢
筋，主要用于装配式结构安装节点的焊接。

(a) 平焊　　　　　(b) 立焊

图 6-7　钢筋坡口焊接头（单位：mm）

（1）施工准备。钢筋坡口焊施焊前的准备工作，应符合下列
要求。

① 钢筋坡口面应平顺，切口边缘不得有裂纹、钝边或缺棱。

② 钢筋坡口平焊时，V 形坡口角度应为 55°～65°，如图 6-7 (a) 所示；坡口立焊时，坡口角度应为 40°～55°，其中下钢筋为 0°～10°，上钢筋为 35°～45°，如图 6-7(b) 所示。

③ 钢垫板的长度应为 40～60mm，厚度应为 4～6mm；坡口平焊时，垫板宽度应为钢筋直径加 10mm；坡口立焊时，垫板宽度宜等于钢筋直径。

④ 坡口平焊时，钢筋根部间隙应为 4～6mm；坡口立焊时，钢筋根部间隙应为 3～5mm。其最大间隙均不宜超过 10mm。

(2) 工艺要求。坡口焊工艺应符合下列要求。

① 焊缝根部、坡口端面以及钢筋与钢板之间均应熔合良好。在焊接过程中，应经常清渣，钢筋与钢垫板之间，应加焊二三层侧面焊缝，从而提高接头强度，保证质量。

② 为了防止接头过热，应采用几个接头轮流进行施焊。

③ 焊缝的宽度应超过 V 形坡口的边缘 2～3mm，焊缝余高不得大于 3mm，并平缓过渡至钢筋表面。

④ 如果发现接头中有弧坑、气孔及咬边等缺陷，则应立即补焊。HRB400 钢筋接头冷却后补焊时，需用氧乙炔焰预热。

6.2.4.6 窄间隙焊

窄间隙焊具有焊前准备简单、焊接操作难度较小、焊接质量好、生产率高、焊接成本低及受力性能好的特点。窄间隙焊适用于直径为 16mm 及 16mm 以上 HPB300、HRB335、HRB400 钢筋的现场水平连接，但不适用于经余热处理过的 HRB400 钢筋。钢筋窄间隙焊接头如图 6-8 所示，其成形过程如图 6-9 所示。

图 6-8 钢筋窄间间隙焊接头

窄间隙焊接时，钢筋应置于钢模中，并应留出一定间隙，用焊条连续焊接，熔化金属端面使熔敷金属填充间隙，形成接头。从焊缝根部引弧后，应连续进行焊接，左、右来回运弧，在钢筋端面处电弧应少许停留，并使之熔合；当焊至端面间隙的 4/5 高度后，焊缝应当逐渐加宽；焊缝余高不得大于 3mm，并应平缓过渡至钢筋表面。端面间隙和焊接参数参照表 6-7 选用。

(a) 焊接初期   (b) 焊接中期   (c) 焊接末期

图 6-9   钢筋窄间隙焊接头成形过程

表 6-7   窄间隙焊端面间隙和焊接参数

钢筋直径/mm	端面间隙/mm	焊条直径/mm	焊接电流/A
16	9～11	3.2	100～110
18	9～11	3.2	100～110
20	10～12	3.2	100～110
22	10～12	3.2	100～110
25	12～14	4.0	150～160
28	12～14	4.0	150～160
32	12～14	4.0	150～160
36	13～15	5.0	220～230
40	13～15	5.0	220～230

6.2.4.7   预埋件 T 形接头电弧焊

预埋件电弧焊 T 形接头的形式主要分为角焊和穿孔塞焊，如图 6-10 所示。装配和焊接时，应符合下列要求。

（1）钢板厚度 δ 应不小于钢筋直径的 0.6 倍，并不应小于 6mm。

（2）钢筋可以采用 HPB300、HRB335、HRB400，受力锚固钢筋直径不应小于 8mm，构造锚固钢筋直径不应小于 6mm。

（3）当采用 HPB300 钢筋时，角焊缝焊脚不得小于钢筋直径的 0.5 倍；采用 HRB335、HRB400 钢筋时，角焊缝焊脚不得小于钢筋直径的 0.6 倍。

(a) 角焊　　　　(b) 穿孔塞焊　　　　(c) 加焊角焊缝

图 6-10　预埋件钢筋电弧焊 T 形接头（单位：mm）

1—内侧加焊角焊缝；k—焊脚

（4）在施焊过程中，电流不宜过大，并应防止钢筋咬边和烧伤。

预埋件 T 形接头采用焊条电弧焊，操作比较灵活，但要防止烧伤主筋和咬边。

（5）在采用穿孔塞焊中，当需要时，可以在内侧加焊一圈角焊缝，以提高接头强度，如图 6-10(c) 所示。

6.2.4.8　钢筋与钢板搭接焊

钢筋与钢板搭接焊适用于直径为 8～40mm 的 HPB300、HRB335、HRB400 热轧钢筋与钢板的连接，如图 6-11 所示。

图 6-11　钢筋与钢板搭接焊接头

d—钢筋直径；l—搭接长度；b—焊缝宽度；h—焊缝厚度

钢筋与钢板搭接焊时，焊接接头应符合下列要求。

（1）HPB300 钢筋的搭接长度 l 不应小于钢筋直径的 4 倍，HRB335、HRB400 钢筋搭接长度 l 不应小于钢筋直径的 5 倍。

（2）焊缝宽度不应小于钢筋直径的 0.6 倍，焊缝厚度不应小于钢筋直径的 0.35 倍。

6.2.4.9 装配式框架安装焊接

在装配式框架结构的安装中，钢筋焊接应当符合下列要求。

（1）柱间节点采用坡口焊时，当主筋根数为 14 根及以下时，钢筋从混凝土表面伸出长度不小于 250mm；当主筋为 14 根以上时，钢筋的伸出长度不小于 350mm。采用搭接焊时，其伸出长度可适当增加，从而减少内应力和防止混凝土开裂。

（2）当两钢筋轴线偏移时，应采用冷弯矫正，但不得用锤敲打。当冷弯矫正有困难时，应采用氧乙炔焰加热后矫正，钢筋加热部位的温度不应大于 850℃。

（3）在焊接过程中，应选择焊接顺序。对于柱间节点，可由两名焊工对称焊接，以减少结构的变形。

6.2.5 焊接质量检验

6.2.5.1 接头外观检查数量

焊接接头外观检查时，首先应由焊工对所焊接头或制品进行自检；然后，由施工单位专业质量检查员检验；监理（建设）单位进行验收记录。

当纵向受力钢筋焊接接头外观检查时，每一检验批中，应随机抽取 10% 的焊接接头。检查结果，当外观质量各小项不合格数均小于等于抽检数的 10% 时，则该批焊接接头外观质量评为合格。

当某一小项不合格数超过抽检数的 10% 时，应对该批焊接接头该小项逐个进行复检，并应剔出不合格接头；对外观检查不合格接头采取修整或焊补措施后，可以提交二次验收。

6.2.5.2 接头力学性能检验

进行力学性能检验时，应在接头外观检查合格后随机抽取试件进行试验。试验方法应按现行行业标准《钢筋焊接接头试验方法标准》(JGJ/T 27—2014) 中有关规定执行。

6.2.5.3 焊接接头或焊接制品质量验收

钢筋焊接接头或焊接制品质量验收时，应当在施工单位自行质量评定合格的基础上，由监理（建设）单位对检验批有关资料进行核查，组织项目专业质量检查员等进行验收，并对焊接接头合格与否做出结论。

6.2.5.4 电弧焊接头质量检验

电弧焊接头的质量检验应当分批进行外观检查与力学性能检验，并应按下列规定作为一个检验批。

（1）在现浇混凝土结构中，应以300个同牌号钢筋、同形式接头作为一批；在房屋结构中，应在不超过二楼层中300个同牌号钢筋、同形式接头作为一批。每批随机切取3个接头，做拉伸试验。

（2）在装配式结构中，可以按照生产条件制作模拟试件，每批3个，做拉伸试验。

（3）钢筋与钢板电弧搭接焊接头可以只进行外观检查。

注：在同一批中若有几种不同直径的钢筋焊接接头，应在最大直径钢筋接头中切取3个试件。以下电渣压力焊接头、气压焊接头取样均同。

6.2.5.5 电弧焊接头外观检查

电弧焊接头外观检查结果应当符合下列要求。

（1）焊缝表面应平整，不得有凹陷或焊瘤。

（2）焊接接头区域不得有肉眼可见的裂纹。

（3）咬边深度、气孔与夹渣等缺陷允许值及接头尺寸的允许偏差，应符合表6-8的规定。

表6-8 钢筋电弧焊接头尺寸偏差及缺陷允许值

项 目	接头形式		
帮条沿接头中心线的纵向偏移/mm	0.3d	—	—
接头处弯折角/(°)	3	3	3
接头处钢筋轴线的偏移/mm	0.1d	0.1d	0.1d
焊缝厚度/mm	+0.05d 0	+0.05d 0	—

项 目		接头形式		
焊缝宽度/mm		$+0.1d$ 0	$+0.1d$ 0	—
焊缝长度/mm		$-0.3d$	$-0.3d$	—
横向咬边深度/mm		0.5	0.5	0.5
在长 2d 焊缝表面上的气孔及夹渣	数量/个	2	2	—
	面积/mm²	6	6	—
在全部焊缝表面上的气孔及夹渣	数量/个	—	—	2
	面积/mm²	—	—	6

注：d 为钢筋直径，mm。

（4）坡口焊、熔槽帮条焊和窄间隙焊接头的焊缝余高不得大于 3mm。

6.2.5.6 复验

当模拟试件试验结果不符合要求时，应进行复验。复验应当从现场焊接接头中切取，其数量和要求与初始试验时相同。

6.2.6 钢筋电弧焊焊接过程中应注意的事项

（1）焊接前，应清除焊件表面油污、铁锈、熔渣、毛刺、残渣及其他杂质。

（2）帮条焊应用 4 条焊缝的双面焊，在有困难时，才采用单面焊。帮条总截面面积不应小于被焊钢筋截面积的 1.2 倍（HPB300 钢筋）和 1.5 倍（HRB335、HRB400、RRB400 钢筋）。帮条应采用与被焊钢筋同牌号、直径的钢筋，并使两帮条的轴线与被焊钢筋的中心处于同一平面内，如果与被焊钢筋牌号不同时，则应按钢筋设计强度进行换算。

（3）搭接焊也应采用双面焊，在操作位置受阻时，才采用单面焊。

（4）钢筋坡口加工应采用氧乙炔焰切割或锯割，不得采用电弧切割。

（5）钢筋坡口焊应采取对称、等速施焊与分层轮流施焊等措施，从而减少变形。

（6）焊条使用前，应当检查药皮的厚度，有无脱落现象。药皮如果受潮，则应先在 $100\sim350℃$ 下烘 $1\sim3h$ 或在阳光下晒干。

（7）中碳钢焊缝厚度大于 5mm 时，应当分层施焊，每层厚 $4\sim5mm$。低碳钢和 20 锰钢焊接层数无严格规定，可以按照焊缝具体情况确定。

（8）应当注意调节电流，焊接电流过大，容易咬肉、飞溅、焊条发红；电流过小，则电流不稳定，会出现夹渣或未焊透现象。

（9）引弧时，应在帮条或搭接钢筋的一端开始；收弧时，应在帮条或搭接钢筋的端头上。第一层应有足够的熔深，主焊缝与定位缝结合应良好，焊缝表面应平顺，弧坑应填满。

（10）在负温条件下，进行 HRB335、HRB400、RRB400 级钢筋焊接时，应加大焊接电流（比夏季增大 $10\%\sim15\%$），减缓焊接的速度，使焊件减小温度梯度，并延缓冷却。同时，从焊件中部起弧，逐步向端部运弧，或在中间先焊一段短焊缝，以使焊件预热，减小温度梯度。

6.3　钢筋闪光对焊

6.3.1　概述

钢筋闪光对焊是将两根钢筋放置成对接形式，然后利用焊接电流通过两根钢筋接触点产生的电阻热，使接触点金属熔化，产生强烈的飞溅，形成闪光，迅速施加顶锻力完成的一种压焊方法。

钢筋闪光对焊具有生产效率高、节约能源、节约钢材、操作方便、接头受力性能好及焊接质量高等优点，所以钢筋的对接焊接应优先采用闪光对焊。

钢筋闪光对焊适用于 HPB300、HRB335、HRB400、HRB500、Q235 热轧钢筋，以及 RRB400 余热处理钢筋。

根据所用对焊机功率大小与钢筋品种、直径的不同，闪光对焊分为连续闪光焊、预热闪光焊、闪光-预热-闪光焊等不同工艺。当钢筋直径较小时，可以采用连续闪光焊；当钢筋直径较大，且端面较平整时，应采用预热闪光焊；当钢筋直径较大，且端面不够平整时，应采用闪光-预热-闪光焊。RRB400 钢筋必须采用预热闪光焊或闪光-预热-闪光焊；对于 RRB400 钢筋中焊接性较差的钢筋，还应采取焊后通电热处理的方法，以改善接头焊接质量。

6.3.2 对焊参数

钢筋焊接的质量与焊接参数有关。闪光对焊参数主要包括调伸长度、烧化留量、预热留量、烧化速度、顶锻留量、顶锻速度及变压器级次等。

6.3.2.1 调伸长度

调伸长度是指焊接前，两根钢筋端部从电极钳口伸出的长度，如图 6-12 所示。调伸长度的选择与钢筋的品种、直径有关。在焊接时，应使接头能均匀加热，并使顶锻时钢筋不致产生侧弯。当焊接 HRB400、RRB400 钢筋时，调伸长度应在 $40\sim60\mathrm{mm}$ 内选用。当调伸长度过小时，向电极散热增加，加热区变窄，不利于塑性变形，顶锻时所需压力较大；当调伸长度过大时，加热区变宽，如果钢筋较细，容易产生弯曲。

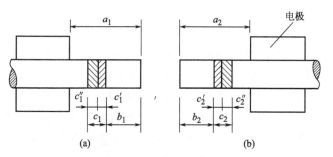

图 6-12 调伸长度及留量

a_1，a_2—左右钢筋的调伸长度；b_1，b_2—烧化留量；c_1，c_2—顶锻留量；
c_1'，c_2'—有电顶锻留量；c_1''，c_2''—无电顶锻留量

6.3.2.2　烧化留量及预热留量

烧化留量是指钢筋在烧化过程中，由于金属烧化而消耗的钢筋长度。预热留量是指在采用预热闪光焊或闪光-预热-闪光焊时，预热过程所烧化的钢筋长度。

烧化留量的选择应使烧化结束时，钢筋端部能均匀加热，并达到足够的温度。连续闪光焊的烧化留量应当等于两根钢筋切断时刀口严重压伤部分之和，另加 8mm；预热闪光焊时的预热留量应为 4～7mm，烧化留量应为 8～10mm。当采用闪光-预热-闪光焊时，一次烧化留量应当等于两根钢筋切断时刀口严重压伤部分之和，预热留量为 2～7mm，二次烧化留量为 8～10mm。

6.3.2.3　顶锻留量

顶锻留量是指在闪光结束，并将钢筋顶锻压紧时，由于接头处挤出金属而缩短的钢筋长度。顶锻包括有电顶锻与无电顶锻两个过程。顶锻留量的选择与控制应使顶锻过程结束时，接头整个断面能获得紧密接触，并有适当变形。顶锻留量应当随着钢筋直径的增大与钢筋级别的提高而有所增加，一般可以在 4～6.5mm 内选择。其中，有电顶锻留量约占 1/3，而无电顶锻留量约占 2/3。

6.3.2.4　烧化速度

烧化速度是指闪光过程的快慢。烧化速度随着钢筋直径的增大而降低，在烧化过程中，烧化速度由慢到快，开始时近于 0，然后约为 1mm/s，终止时约为 1.5～2mm/s，这样闪光比较强烈，高热产生的金属蒸气足以保护焊缝金属免受氧化。

6.3.2.5　顶锻速度

顶锻速度是指在挤压钢筋接头时的速度。顶锻速度应当越快越好，尤其是在顶锻开始的 0.1s 内，应将钢筋压缩 2～3mm，使焊口迅速闭合，从而避免空气进入焊接空间导致氧化，而后断电，并应以 6mm/s 的速度继续顶锻至终止。

6.3.2.6　变压器级次

变压器级次主要用来调节焊接电流的大小。在实际生产中，应当根据钢筋的直径来选择。当钢筋直径较大时，应采用较高的变压器级次，以产生较高的电压。

在焊接时，应当合理选择焊接参数，注意使烧化过程稳定、强烈，防止焊缝金属氧化，并使顶锻在足够大的压力下快速完成，从而保证焊口闭合良好，且对焊接头处有适当的镦粗变形。

6.3.3　钢筋闪光对焊

6.3.3.1　钢筋对焊过程

钢筋对焊过程如下。首先，将钢筋夹入对焊机的两电极中（钢筋与电极接触处应清除锈污，电极内应通入循环冷却水），闭合电源；然后，使钢筋两端面轻微接触，此时即有电流通过，由于接触轻微，钢筋端面不平，接触面很小，所以电流密度与接触电阻很大，所以接触点会很快熔化，形成"金属过梁"。过梁被进一步加热，产生金属蒸气飞溅（火花般的熔化金属微粒自钢筋两端面的间隙中喷出，这个过程称为烧化），形成闪光现象，所以也称为闪光对焊。通过烧化使钢筋端部温度升高到要求的温度后，便快速将钢筋挤压（称顶锻），然后断电，即形成对焊接头。

6.3.3.2　连续闪光焊

当采用连续闪光焊时，首先闭合电源，然后使两钢筋端面轻微接触，形成闪光。闪光一旦开始，则应徐徐移动钢筋，形成连续闪光过程。当钢筋烧化到规定的长度时，应以适当的压力迅速进行顶锻，使两根钢筋焊牢。连续闪光对焊工艺过程如图 6-13（a）所示。

(a) 连续闪光焊

(b) 预热闪光焊

(c) 闪光-预热-闪光焊

图 6-13　钢筋闪光对焊工艺过程

S—移动钳口位移；P—压力；t—时间；

t_1—烧化时间；$t_{1.1}$—一次烧化时间；

$t_{1.2}$—二次烧化时间；t_2—预热时间；t_3—顶锻时间

连续闪光焊所能焊接的最大钢筋直径应当随着焊机容量的降低与钢筋级别的提高而减小，如表 6-9 所列。

表 6-9　连续闪光焊钢筋上限直径

焊机容量/kV·A	钢筋牌号	钢筋直径/mm
160(150)	HPB300	20
	HRB335	22
	HRB400	20
	RRB400	20
100	HPB300	20
	HRB335	18
	HRB400	16
	RRB400	16
80(75)	HPB300	16
	HRB335	14
	HRB400	12
	RRB400	12
40	HPB300	10
	Q235	
	HRB335	
	HRB400	
	RRB400	

6.3.3.3　预热闪光焊

　　预热闪光焊是在连续闪光焊前增加一次预热过程，从而达到均匀加热的目的。在采用这种焊接工艺时，首先闭合电源，然后使两钢筋端面交替地接触和分开。这时，钢筋端面的间隙中便发出断续的闪光，从而形成预热过程。当钢筋烧化到规定的预热留量后，随即进行连续闪光和顶锻，使钢筋焊牢。预热闪光焊工艺过程如图6-13(b) 所示。

6.3.3.4　闪光-预热-闪光焊

　　闪光-预热-闪光焊是在预热闪光焊前加一次闪光过程，其目的是使不平整的钢筋端面烧化平整，使预热均匀。这种焊接工艺的焊接过程为：首先连续闪光，使钢筋端部闪平，然后断续闪光，进行预热，接着连续闪光，最后进行顶锻，从而完成整个焊接过程。闪光-预热-闪光焊工艺过程如图 6-13(c) 所示。

6.3.4　焊接后电热处理

　　RRB400 钢筋中焊接性差的钢筋对氧化、淬火与过热比较敏感，容易产生氧化缺陷和脆性组织。为了改善焊接质量，可以采用焊后通过电热处理的方法，对焊接接头进行一次退火或高温回火处理，从而达到消除热影响区产生的脆性组织，改善塑性的目的。通电热处理应当在接头稍冷却后进行，过早则会使加热不均匀，近焊缝区容易遭受过热。热处理温度与焊接的温度有关，焊接温度较低者，宜采用较低的热处理温度；反之，宜采用较高的热处理温度。

　　热处理时，采用脉冲通电，其频率主要与钢筋直径和电流大小有关，当钢筋较细时，采用高值；当钢筋较粗时，采用低值。通电热处理可以在对焊机上进行，其过程为：当焊接完毕后，待接头冷却至 300℃以下时（钢筋呈暗黑色），松开夹具，并将电极钳口调到最大距离，将焊好的接头放在两钳口间的中心位置，重新夹紧钢筋，采用较低的变压器级次，对接头进行脉冲式通电加热（频率以0.51s/次为宜）。当加热到 750～850℃时（钢筋呈橘红色），通电结束，然后让接头在空气中自然冷却。

6.3.5 焊接质量检验

6.3.5.1 闪光对焊接头质量检验

闪光对焊接头的质量检验，应当分批进行外观检查和力学性能检验，并应按下列规定作为一个检验批。

（1）在同一台班内，由同一焊工完成的 300 个同牌号、同直径钢筋焊接接头应作为一批。当同一台班内焊接的接头数量较少，可在一周之内累计计算；累计仍不足 300 个接头时，应按一批计算。

（2）进行力学性能检验时，应当从每批接头中随机切取 6 个接头，其中 3 个做拉伸试验，3 个做弯曲试验。

（3）当焊接等长的预应力钢筋（包括螺栓端杆与钢筋）时，可按生产时同等条件制作模拟试件。

（4）螺线端杆接头可只做拉伸试验。

（5）封闭环式箍筋闪光对焊接头，以 600 个同牌号、同规格的接头作为一批，只做拉伸试验。

6.3.5.2 闪光对焊接头外观检查

闪光对焊接头外观检查结果应当符合下列要求。

（1）接头处不得有横向裂纹。

（2）与电极接触处的钢筋表面不得有明显烧伤。

（3）接头处的弯折角不得大于 3°。

（4）接头处的轴线偏移不得大于钢筋直径的 0.1 倍，且不得大于 2mm。

6.3.5.3 复验

当模拟试件试验结果不符合要求时，应进行复验。复验应从现场焊接接头中切取，其数量和要求与初始试验相同。

6.3.6 钢筋闪光对焊焊接缺陷及其消除措施

在闪光对焊生产中，要重视焊接过程的任何一个环节，以确保焊接质量。如出现异常现象或焊接缺陷，参照表 6-10 查找原因，及时消除。

表 6-10 钢筋闪光对焊异常现象、焊接缺陷及其消除措施

异常现象和缺陷种类	消除措施
烧化过分剧烈并产生强烈的爆炸声	(1)降低变压器级数 (2)减慢烧化速度
闪光不稳定	(1)清除电极底部和表面的氧化物 (2)提高变压器级数 (3)加快烧化速度
接头中有氧化膜、未焊透或夹渣	(1)增加预热程度 (2)加快临近顶锻时的烧化速度 (3)确保带电顶锻过程 (4)加快顶锻速度 (5)增大顶锻压力
接头中有缩孔	(1)降低变压器级数 (2)避免烧化过程过分强烈 (3)适当增大顶锻留量及顶锻压力
焊缝金属过烧	(1)减小预热程度 (2)加快烧化速度,缩短焊接时间 (3)避免过多带电顶锻
接头区域裂纹	(1)检验钢筋的碳、硫、磷含量;如不符合规定时,应更换钢筋 (2)采取低频预热方法,增加预热程度
钢筋表面微熔及烧伤	(1)清除钢筋被夹紧部位的铁锈和油污 (2)清除电极内表面的氧化物 (3)改进电极槽口形状,增大接触面积 (4)夹紧钢筋
接头弯折或轴线偏移	(1)正确调整电极位置 (2)修整电极钳口或更换已变形的电极 (3)切除或矫直钢筋的弯头

6.4 箍筋闪光对焊

6.4.1 概述

（1）待焊箍筋。用调直的钢筋，按照箍筋的内净空尺寸和角度

弯制成设计规定的形状，等待进行闪光对焊的箍筋。

（2）对焊箍筋。待焊箍筋经闪光对焊而成的封闭环式箍筋。

（3）箍筋闪光对焊。把待焊箍筋两端以对接形式安放在对焊机上，利用电阻热使接触点金属熔化，产生强烈飞溅，形成闪光，迅速施加顶锻力完成的一种压焊方法。

（4）对焊箍筋检验批。同一组班完成且不超过 600 个同牌号、同直径钢筋的对焊箍筋作为一个检验批。

6.4.2 待焊箍筋加工制作

（1）设备安装。应当按照使用说明书规定，正确安装各加工设备，掌握操作技能，专人负责，确保待焊箍筋的加工质量。

（2）钢筋平直。钢筋调直后应平直，无局部弯折。

（3）下料长度。钢筋切断下料时，矩形箍筋下料长度可以按照下式计算：

$$L_g = 2(a_g + b_g) + \Delta \tag{6-1}$$

式中，L_g 为箍筋下料长度，mm；a_g 为箍筋内净长度，mm；b_g 为箍筋内净宽度，mm；Δ 为焊接总留量，mm，见图 6-14。

图 6-14 待焊箍筋

a_g—箍筋内净长度；b_g—箍筋内净宽度；Δ—焊接总留量；F_t—弹性压力

上列计算值经试焊后核对，箍筋的外皮尺寸应当符合设计图纸的规定。

（4）切断机下料。在采用钢筋切断机下料时，应当将切断机的刀口间隙调整到 0.3mm；多根钢筋应单列垂直排放，紧贴固定刀片，如图 6-15 所示。切断后的钢筋端面应与轴线垂直，无压弯，无斜口。

图 6-15　多根钢筋用切断机断料示意
1—固定刀片；2—钢筋单列垂直排；3—放活动刀片

（5）箍筋弯曲。矩形箍筋弯曲时，应当符合以下规定。

① 对焊边内侧的两角应成直角，另外两角宜为 90°−(1°～3°)。

② 箍筋弯曲成形后，将待焊箍筋和重叠部分拉至完全对准，使箍筋对焊端面有一定弹性压力，见图 6-14。

③ 待焊箍筋应当分类堆放整齐。

（6）待焊箍筋质量检测。待焊箍筋为半成品，应当进行加工质量的检查，属中间的质量检查。按每一工作班、同一牌号钢筋、同一加工设备完成的待焊箍筋作为一个检验批，每批随机抽查 5%。检查两钢筋头端面是否闭合，无斜口；接口处是否有一定弹性压力。

6.4.3　箍筋对焊操作

（1）箍筋对焊生产准备

① 清理待焊箍筋两端约为 120mm 部位的铁锈及其他污物；如果发现箍筋有局部变形，应当矫直调整。

② 安装闪光对焊机，应当平稳牢固；设置配电箱，要求一机一箱，接通电源。

③ 接通焊机冷却用水；应当检查焊机各项性能是否完好。

④ 在大量下料前，要进行箍筋长度的下料和施焊试验，核对下料长度是否准确。

⑤ 由于分流现象产生电阻热，焊毕之后，箍筋温度约为 45～

100℃。操作工人应当戴手套防止烫伤。

（2）三种工艺方法焊接参数。箍筋闪光对焊包括三种工艺方法：

① 小直径箍筋采用连续闪光对焊；

② 中直径箍筋采用预热闪光对焊；

③ 大直径或歪斜箍筋采用闪光—预热闪光对焊。

其应用原则与钢筋闪光对焊相同，但应适当提高焊机容量，选择较大变压器级数，具体焊接参数，见表6-11～表6-13，最常用的为预热闪光对焊。

表6-11　箍筋连续闪光对焊的焊接参数　单位：mm

箍筋直径	烧化留量	顶锻留量	焊接总留量	调伸长度
8	0	2	7	25
10	7	2	9	25
12	8	2	10	30
14	9	2	11	30

表6-12　箍筋预热闪光对焊的焊接参数　单位：mm

箍筋直径	预热留量	烧化留量	顶锻留量	焊接总留量	调伸长度
10	9	5	2	9	25
12	9	8	2	12	30
14	8	8	2	13	30
16	3	9	3	15	35
18	3	10	3	16	30

表6-13　箍筋闪光-预热闪光对焊的焊接参数　单位：mm

箍筋直径	一次烧化留量	预热留量	二次烧化留量	顶锻留量	焊接总留量	调伸长度
10	4	1	3	2	10	25
12	4	1	5	2	12	30
14	4	1	7	2	14	30
16	4	1	9	3	17	35
18	4	1	10	3	18	35

6.5　钢筋气压焊

6.5.1　概述

钢筋气压焊，是采用一定比例的氧气和乙炔焰为热源，对需要连接的两钢筋端部接缝处进行加热，使其达到热塑状态，同时对钢筋施加 30～40MPa 的轴向压力，使钢筋顶锻在一起。该焊接方法使钢筋在还原气体的保护下，发生塑性流变后相互紧密接触，促使端面金属晶体相互扩散渗透，再结晶，再排列，形成牢固的焊接接头。这种方法设备投资少、施工安全、节约钢材和电能，不仅适用于竖向钢筋的连接，也适用于各种方向布置的钢筋连接。适用范围为直径为 14～40mm 的 HPB300、HRB335 和 HRB400 钢筋（25MnSi HRB400 钢筋除外）；当不同直径钢筋焊接时，两钢筋直径差不得大于 7mm。

6.5.2　气压焊基本要求

（1）施工前，应对现场有关人员和操作工人进行钢筋气压焊的技术培训。培训的重点是焊接原理、工艺参数的选用、操作方法、接头检验方法、不合格接头产生的原因与防治措施等。对磨削、装卸等辅助作业工人，也需要了解有关规定和要求。焊工必须经考核并取得合格证后，方可准允进行操作。

（2）在正式焊接前，对所有需做焊接的钢筋，应当按《混凝土结构工程施工质量验收规范》（GB 50204—2015）中的有关规定截取试件进行试验。试件应切取 6 根，3 根做弯曲试验，3 根做拉伸试验，并按试验合格所确定的工艺参数进行施焊。

（3）竖向压接钢筋时，应先搭好脚手架。

（4）对钢筋气压焊设备和安全技术措施进行仔细检查，从而确保正常使用。

6.5.3　焊接钢筋端部加工

（1）钢筋端面应切平，切割时应当考虑钢筋接头的压缩量，一般为 0.6～1.0d（d 为钢筋公称直径）。断面应与钢筋的轴线相垂直，并应去掉端面周边毛刺。钢筋端部如果有弯折或扭曲，应进行矫正或切除。切割钢筋应用砂轮锯，不宜用切断机。

（2）清除压接面上的锈、油污、水泥等附着物，并打磨见新面，使其露出金属光泽，并不得有氧化现象。压接端头清除的长度一般为 50～100mm。

（3）钢筋的压接接头应当布置在数根钢筋的直线区段内，不得在弯曲段内布置接头。当有多根钢筋压接时，接头位置应当按《混凝土结构工程施工质量验收规范》（GB 50204—2015）中的规定错开。

（4）两钢筋安装于夹具上，应夹紧并加压顶紧。两钢筋轴线应当对正，并对钢筋轴向施加 5～10MPa 的压力。两根钢筋之间的缝隙不得大于 3mm，压接面要求如图 6-16 所示。

(a) 正确   (b) 合格   (c) 不合格 (d) 不合格   (e) 合格   (f) 不合格

图 6-16　钢筋气压焊压接面要求

6.5.4　焊接施工及操作要求

（1）钢筋气压焊的开始阶段应当采用碳化焰（还原焰），对准两钢筋接缝处集中加热，使淡白色羽状内焰包住缝隙或伸入缝隙内，并应始终不离开接缝，以防止压焊面产生氧化。焊接火焰标准见表 6-14。当接缝处钢筋红黄后，当压力表针大幅度下降时，随即对钢筋施加顶锻压力（初期压力），直到焊口缝隙完全闭合。应当注意的是：碳化火焰内焰应呈淡白色，如果呈黄色，则说明乙炔过多，必须适当减少乙炔量。不得使用碳化焰外焰加热，严禁用氧化过剩的氧化焰加热。初期加压时机应当适宜，宁早勿晚，升降应当平稳。

（2）在确认两钢筋的缝隙完全黏合后，应改用中性焰，在压焊面中心 1～2 倍钢筋直径的长度范围内，均匀摆动火焰并往返加热。摆幅由小到大，摆速逐渐加大，从而使其迅速达到合适的压接温度

（即 1150～1300℃）。

表 6-14　焊接火焰的标准

名　称	示意图	$O_2 : C_2H_2$
碳化焰 （乙炔过剩焰）	火焰 乙炔微火 白芯 火口	$(0.85:1)～(0.95:1)$
中性焰 （标准焰）	火焰 白芯 火口	$1:1$

（3）当钢筋表面变成白炽色，氧化物变成芝麻粒大小的灰白色球状物，继而聚集成泡沫状并开始随加热器的摆动方向移动时，则可以边加热边加压，先慢后快，达到 $30～40N/mm^2$，使接缝处隆起的直径为母材直径的 1.4～1.6 倍、变形长度为母材直径的鼓包的 1.2～1.5 倍。

操作时，应当掌握好变换火焰的时机，尽快由碳化焰调整到所需的中性焰，并应当掌握好火焰功率。火焰功率主要取决于氧-乙炔流量，过大容易引起过烧现象，偏小则会延长压接时间，还易造成接合面"夹生"现象。对于各种不同直径的钢筋，采用的火焰功率大小主要靠经验确定。

（4）压接后，当钢筋火红消失（即温度为 600～650℃）时，才能解除压接器上的卡具。过早取下，则容易产生弯曲变形。

（5）在加热过程中，如果火焰突然中断，并发生在钢筋接缝已完全闭合以后，则可继续加热、加压，直到完成全部压接过程，气压焊焊接时间参考见表 6-15；如果火焰突然中断发生在钢筋接缝完全闭合之前，则应切掉接头部分，重新压接。压接步骤如图6-17 所示。

(a) 钢筋加工　(b) 接触加压　(c) 初期加压　(d) 主加压

图 6-17　压接步骤

表 6-15　气压焊焊接时间参考

钢筋直径/mm	加热器喷嘴数/个	配用焊把	加热时间/s
16～22	6～8	H01-20	60～90
25	8～10	H01-20	90～120
28	8～10	H01-20	120～150
32	8～12	H01-20	150～180
40	12～14	YQH-40	180～240
50	16～18	YQH-40	270～420

6.5.5　焊接质量检验

6.5.5.1　气压焊接头质量检验

气压焊接头的质量检验，应当分批进行外观检查和力学性能检验，并应按下列规定作为一个检验批。

（1）在现浇钢筋混凝土结构中，应以 300 个同牌号钢筋接头作为一批。在房屋结构中，应在不超过二楼层中 300 个同牌号钢筋接头作为一批；当不足 300 个接头时，仍应作为一批。

（2）在柱、墙的竖向钢筋连接中，应当从每批接头中随机切取3 个接头做拉伸试验；在梁、板的水平钢筋连接中，应当另切取 3 个接头做弯曲试验。

6.5.5.2 压接部位检查

压接部位应符合有关规范及设计要求，一般可按表 6-16 进行检查。

表 6-16　压接部位检查

项　目		允许压接范围	同截面压接点数	压接点错开距离/mm
柱		柱净高的中间 1/3 部位	不超过全部接头的 1/2	500
梁	上钢筋	梁净跨的中间 1/2 部位		
	下钢筋	梁净跨的两端 1/4 部位		
墙	墙端柱	柱净高的中间 1/3 部位		
	墙体	底部、两端		
有水平荷载构件		梁净跨的中间 1/2 部位(上钢筋) 梁净跨的两端 1/4 部位(下钢筋)		

6.5.5.3 气压焊接头外观检查

气压焊接头外观检查结果应当符合下列要求。

(1) 接头处的轴线偏移 e 不得大于 $0.15d$（d 为钢筋直径），且不得大于 4mm，如图 6-18 所示；当不同直径钢筋焊接时，应当按照较小钢筋直径计算；当大于上述规定值，但在 $0.30d$ 以下时，可以加热矫正；当大于 $0.30d$ 时，则应当切除重焊。

$0 \leqslant e \leqslant 0.15d$
(a) 合格

$0.15d < e$
(b) 不合格

(c) 不合格

图 6-18　接头处轴线偏移要求

(2) 当接头部位的两根钢筋轴线不在同一直线上时，其弯折角不得大于 4°；当大于规定值时，则应重新加热矫正。

(3) 镦粗最大直径 d_c 应为钢筋直径的 1.4～1.6 倍，如图 6-19 所示；当小于上述规定值时，则应重新加热镦粗。

(4) 镦粗长度 L_c 应为钢筋直径的 0.9～1.2 倍，且凸起部分平缓圆滑，如图 6-19 所示；当小于上述规定值时，则应重新加热镦粗。

图 6-19　镦粗最大直径和长度要求

(5) 镦粗最大直径处应为压焊面。如果有偏移，则压焊面最大偏移 d_h 不得大于钢筋直径的 0.2 倍，如图 6-20 所示。

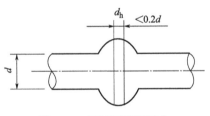

图 6-20　压接面偏移要求

(6) 钢筋压焊区表面不得有横向裂纹或严重烧伤。

6.5.6　钢筋气压焊焊接过程中应注意的事项

(1) 每个氧气瓶、乙炔瓶的减压器，只允许安装一把多嘴环管加热器。

(2) 当风速超过三级（5.4m/s）时，必须采取有效的挡风措施。

(3) 雨、雪天气不宜进行焊接作业。当必须施焊作业时，应采取有效的遮蔽措施。压接后的接头不得马上接触雨、雪。

（4）在负温条件下施工时，应采取适当的保温、防冻和对钢筋接头采取预热、缓冷等措施。当环境温度低于－20℃时，不宜进行施焊。

6.5.7　钢筋气压焊焊接缺陷及其消除措施

在焊接生产中焊工要自检，当发现焊接缺陷时，要查找原因及采取措施，及时消除。

6.5.7.1　接头成形不良

当发现焊接接头成形不良（图 6-21）时，应采用以下消除措施。

（1）焊接时，焊缝区加热温度应达到可焊温度，最终顶压力应达到 30MPa 以上。

（2）加热时，焊炬摆幅应达到 $2d$（d 为钢筋直径），并且高温区应集中在焊缝处，温度分布均匀。加压时注意，使镦粗区直径达到 $1.4d$ 以上，变形长度达（$1.2\sim1.5$）d，形状均匀、平滑。

（3）装夹前，需检查夹具的活动夹头是否已回到原来位置。施焊前，应检查顶紧螺丝是否顶紧。对于抱紧式夹具或凸轮压紧式夹具，也应检查钢筋上紧情况。

（4）对于镦粗头直径小、变形长度不够的焊接接头，可以装上夹具，重新加热、加压，使镦粗头达到合格要求。帽檐状镦粗头应当割掉重新焊接。

6.5.7.2　接头偏心和倾斜

当发现接头偏心和倾斜时（图 6-22），应采取以下消除措施。

（1）钢筋需用砂轮切割机下料，使钢筋端面与轴线垂直，端头处理不合格的不能焊接。

（2）两钢筋夹持于夹具内，轴线应对正，注意调整好调节器调向螺丝。

（3）焊接前应检查夹具质量，有无产生偏心和弯折的可能。用两根光圆短钢筋安装在夹具上，直观检查两夹头是否同轴。不能用变形钢筋，变形钢筋不便于直观检查。

(a) 焊包太小　(b) 帽檐状

图 6-21　接头成形不良

(a) 接头偏心　(b) 接头倾斜

图 6-22　接头偏心和倾斜

（4）确认夹紧钢筋后再施焊。

（5）焊接完成后，不得立即卸下卡具，等接头红色消失后，再卸下夹具，以防钢筋倾斜。

（6）弯折角大于 4° 的可以加热后校正。偏心大于 $0.15d$ 或大于 4mm 的应割掉重焊接。

6.5.7.3　偏凸、压焊面偏移

当发现偏凸、压焊面偏移时（图 6-23），应采取以下消除措施。

（1）同直径钢筋两端头加热幅度需对称。

（2）异直径钢筋焊接时，对较大直径钢筋加热时间较长。

（3）焊接镦粗区有偏凸或压焊面偏移现象时，应切除重新焊接。

(a) 偏凸　(b) 压焊面偏移

图 6-23　偏凸、压焊面偏移

6.5.7.4　过烧、纵向裂纹

当发现过烧、纵向裂纹时（图 6-24），应采取以下消除措施。

（1）加热、加压操作应当符合工艺规程要求。

（2）施焊钢筋应当经过仔细检查，有裂纹的钢筋不能施焊。

（3）焊炬功率的选择应当与钢筋直径相适应。

（4）过烧的接头是无法挽救的缺陷，一定要割除重焊。当镦粗

区纵向裂纹大于 3mm 时，应当割掉重焊。

6.5.7.5 平破面（未焊合）

当发现平破面（未焊合）时（图 6-25），应采取以下消除措施。

（1）平破面产生的概率与间隙大小有关，间隙越大，产生平破面的可能性就越大。用磨光机削除周边的尖角、毛刺（注意倒角不要过大，防止压焊后形成凹痕），使压焊面装卡时，尽量不产生间隙。

图 6-24　过烧、纵向裂纹

图 6-25　平破面（未焊合）

（2）加热初期，应当特别注意用碳化焰包围焊缝隙，火焰不得离开，否则压焊容易产生氧化膜，导致平破面的产生。

（3）气压焊时，应当根据钢筋直径及焊接设备等具体条件选用等压法、二次加压法或三次加压法焊接工艺。

（4）气压焊的开始阶段需采用碳化焰，对准两钢筋接缝中集中加热，并应当使其内焰包住缝隙，以防钢筋端面产生氧化。在确认两根钢筋缝隙完全密合后，应当改用中性，以压焊面为中心，在两侧各一倍钢筋直径长度范围内往复宽幅加热。

（5）气压焊施焊中，通过最终的加热加压，需使接头的镦粗区形成规定的形状；然后停止加热，略为延时，卸除压力，拆下焊接夹具。

（6）在加热过程中，当钢筋端面缝隙完全密合之前发生灭火中断现象时，需将钢筋取下重新打磨、安装，然后点燃火焰进行焊接；若发生在钢筋端面缝隙完全密合之后，可继续加热加压。

6.6　钢筋电渣压力焊

6.6.1　概述

　　电渣压力焊是将钢筋的待焊接端部置于焊剂的包围之中，通过引燃电弧加热，最后在断电的同时，迅速将钢筋进行顶压，使上、下钢筋焊接成一体的一种焊接方法。图 6-26 为钢筋电渣压力焊焊接原理示意。

图 6-26　钢筋电渣压力焊焊接原理示意

1—混凝土；2—下钢筋；3—焊接电源；4—上钢筋；5—焊接夹具；

6—焊剂盒；7—铁丝球；8—焊剂

　　电渣压力焊属于熔化压力焊的范畴，适用于直径为 14～40mm 的 HRB335、HRB400 竖向钢筋的连接，但直径 28mm 以上钢筋的焊接技术难度较大。而全自动电渣压力焊机可以排除人为因素干扰，使钢筋的焊接质量更有保障。

　　电渣压力焊不适用于水平钢筋或倾斜钢筋（斜度大于4∶1）的连接，也不适用于可焊性差的钢筋。对于焊工水平低、供电条件差

（电压不稳等）、雨季或防火要求高的场合，也应慎用。

　　钢筋电渣压力焊所用的焊机主要由焊接电源、焊接机头和控制箱三部分组成，图 6-27 为电动凸轮式钢筋自动电渣压力焊机示意。

(a) 焊接基本原理方框图　　　　(b) 焊接机头

图 6-27　电动凸轮式钢筋自动电渣压力焊机示意

1—把子；2—电动机传动部分；3—电源线；4—焊把线；5—铁丝圈；6—下钢筋；

7—上钢筋；8—上夹头；9—焊药盒；10—下夹头；11—焊剂；12—凸轮；

A—电动机与减速箱；B—操作箱；C—控制箱；D—焊接变压器

6.6.2　焊接参数

　　电渣压力焊的主要焊接参数有焊接电流、焊接电压与焊接通电时间等。根据直径选择，焊接电流将直接影响渣池的温度、黏度、电渣过程的稳定性和钢筋熔化时间。焊接电压影响电渣过程的稳定，电压过低，表示两钢筋间距过小，容易产生短路；而电压过高，表示两钢筋间距过大，容易产生断路，通常应控制在 $40 \sim 60V$。焊接通电时间与钢筋熔化量均根据钢筋直径的大小确定。竖向钢筋电渣压力焊的焊接参数见表 6-17。

6.6.3　焊接工艺

　　焊接工艺一般分为引弧、电弧、电渣与顶压四个过程，如图 6-28 所示。

表 6-17　竖向钢筋电渣压力焊的焊接参数

钢筋直径 /mm	焊接电流 /A	熔化量 /mm	焊接电压/V		焊接通电时间/s	
			$u_{2.1}$ (电弧过程)	$u_{2.2}$ (电渣过程)	t_1 电弧过程	t_2 电渣过程
14	200～220	20～25			12	3
16	200～250	20～25			14	4
18	250～300	20～25			15	5
20	300～350	20～25			17	5
22	350～400	20～25	35～45	18～22	18	6
25	400～450	20～25			21	6
27	500～550	20～25			24	6
32	600～650	25～30			27	7
36	700～750	25～30			30	8
40	850～900	25～30			33	9

(a) 引弧　　　(b) 电弧　　　(c) 电渣　　　(d) 顶压

图 6-28　竖向钢筋电渣压力焊工艺过程示意

1—散状焊剂；2—电弧；3—空穴；4—渣池；5—熔池；

6—钢筋潜入渣池部分；7—凝固焊剂；

8—被挤出的熔化金属

6.6.3.1　引弧过程

用焊接机头的夹具将上下钢筋待焊接的端部夹紧，并保持两钢筋的同心度，然后在接合处放置直径不小于 1cm 的铁丝圈，使其与两钢筋端面紧密接触，最后将焊剂灌入熔剂盒内，封闭后，接通电源，引燃电弧，如图 6-28(a) 所示。

6.6.3.2　电弧过程

引燃电弧所产生的高温将接口周围的焊剂充分熔化，在气体弧腔作用下，使电弧稳定燃烧，将钢筋端部的氧化物烧掉，形成一个渣池，如图 6-28（b）所示。

6.6.3.3 电渣过程

当渣池在接口周围达到一定的深度时，将上部钢筋慢慢插入渣池中（但不可与下部钢筋短路）。此时，电弧熄灭，进入电渣过程。在这个过程中，通过渣池的电流加大，由于渣池电阻很大，所以产生较高的电阻热，渣池温度可升至 2000℃ 以上，将钢筋迅速均匀地熔化，如图 6-28（c）所示。

6.6.3.4 顶压过程

当钢筋端头达到全截面熔化时，迅速将上钢筋向下顶压，将熔化的金属、熔渣与氧化物等杂质全部挤出结合面，并切断电源，焊接即告结束，如图 6-28（d）所示。接头焊毕，应稍做停歇后，方可回收焊剂，卸下焊接夹具，并敲去渣壳；四周焊包应均匀，凸出钢筋表面的高度应大于等于 4mm。

6.6.4 焊接操作要求

（1）焊接夹具的上、下钳口应夹紧于上、下钢筋的适当位置，钢筋一经夹紧，严防晃动，以免上、下钢筋错位和夹具变形。

（2）引弧应采用钢丝圈或焊条头引弧法，也可以采用直接引弧法。

（3）引燃电弧后，首先进行电弧过程，然后转变为电渣过程的延时，最后在断电的同时，迅速下压上钢筋，挤出熔化金属和熔渣。

（4）接头焊毕，应停歇适当时间，才可回收焊剂和卸下焊接夹具，敲去渣壳，四周焊包应较均匀，凸出钢筋表面的高度至少为 4mm，从而确保焊接质量，如图 6-29 所示。

（5）当不同直径钢筋焊接时，上、下钢筋轴线应在同一直线上。

6.6.5 焊接质量检验

6.6.5.1 电渣压力焊接头的质量检验

电渣压力焊接头的质量检验，应当分批进行

图 6-29　钢筋电渣压力焊接头

外观检查和力学性能检验，并应当按下列规定作为一个检验批。

在现浇钢筋混凝土结构中，应当以 300 个同牌号钢筋接头作为一批；在房屋结构中，应当以在不超过二楼层中 300 个同牌号钢筋接头作为一批；当不足 300 个接头时，仍应作为一批。每批随机切取 3 个接头做拉伸试验。

6.6.5.2 电渣压力焊接头外观检查

电渣压力焊接头外观检查结果，应当符合下列要求。

（1）四周焊包凸出钢筋表面的高度不得小于 4mm。

（2）钢筋与电极接触处应当无烧伤缺陷。

（3）接头处的弯折角不得大于 3°。

（4）接头处的轴线偏移不得大于钢筋直径的 0.1 倍，且不得大于 2mm。

6.6.6 电渣压力焊接头焊接缺陷与防止措施

在钢筋电渣压力焊生产中，应当重视焊接全过程中的任何一个环节。接头部位应清理干净；钢筋安装应上下同心；夹具紧固，严防晃动；引弧过程，力求可靠；电弧过程，延时充分；电渣过程，短而稳定；挤压过程，压力适当。当出现异常现象时，应参照表 6-18 查找原因，及时清除。

表 6-18 钢筋电渣压力焊接头焊接缺陷与防止措施

焊接缺陷	防止措施
轴线偏移	(1)矫直钢筋端部 (2)正确安装夹具和钢筋 (3)避免过大的挤压力 (4)及时修理或更换夹具
弯折	(1)矫直钢筋端部 (2)注意安装与扶持上钢筋 (3)避免焊后过快卸夹具 (4)修理或更换夹具
焊包薄而大	(1)减低顶压速度 (2)减小焊接电流 (3)减少焊接时间

续表

焊 接 缺 陷	防 止 措 施
咬边	(1)减小焊接电流 (2)缩短焊接时间 (3)注意上钳口的起始点,确保上钢筋挤压到位
未焊合	(1)增大焊接电流 (2)避免焊接时间过短 (3)检修夹具,确保上钢筋下送自如
焊包不均匀	(1)钢筋端面力求平整 (2)填装焊剂尽量均匀 (3)延长焊接时间,适当增加熔化量
气孔	(1)按规定要求烘焙焊剂 (2)清除钢筋焊接部位的铁锈 (3)确保被焊处在焊剂中的埋入深度
烧伤	(1)钢筋导电部位除净铁锈 (2)尽量夹紧钢筋
焊包下淌	(1)彻底封堵焊剂罐的漏孔 (2)避免焊后过快回收焊剂

电渣压力焊可在负温条件下进行,但当环境温度低于－20℃时,则不应进行施焊。雨天、雪天不应进行施焊,必须要施焊时,应当采取有效的遮蔽措施。焊后未冷却的接头,需避免碰到冰雪。

6.7　钢筋电阻点焊

6.7.1　概述

(1)钢筋电阻点焊。将两钢筋安放成交叉叠接形式,压紧于两电极之间,利用电阻热熔化母材金属,加压形成焊点的一种压焊方法,是电阻焊的一种。

(2)熔合区。焊接接头通常由焊缝、熔合区、热影响区、母材四部分组成。

熔合区是指焊缝与热影响区相互过渡的区域。

(3)热影响区。焊接或热切割的过程中,钢筋母材因受热的影响(但未熔化),使金属组织和力学性能发生变化的区域。

热影响区又可以分为过热区、正火区（又称重结晶区）、不完全相变区（不完全重结晶区）和再结晶区四部分。再结晶区只有在冷处理钢筋焊接时才存在。

钢筋焊接接头热影响区宽度主要决定于焊接方法；其次为热输入。当采用较大热输入，对不同焊接接头进行测定时，其热影响区宽度如下，供参考：

① 钢筋电阻点焊焊点 $0.5d$（d 为钢筋直径，下同）；

② 钢筋闪光对焊接头 $0.7d$；

③ 钢筋电弧焊接头 $6 \sim 10$mm；

④ 钢筋电渣压力焊接头 $0.8d$；

⑤ 钢筋气压焊接头 $1.0d$；

⑥ 预埋件钢筋埋弧压力焊接头，埋弧螺柱焊接头 $0.8d$。

6.7.2 电阻点焊工艺

（1）焊接工艺。电阻点焊过程可以分为预压、加热熔化、冷却结晶三个阶段，如图 6-30 所示。

① 预压阶段。预压阶段，两根钢筋在压力的作用下，其接触点的原子开始靠近，逐步消除一部分表面的不平和氧化膜，形成物理接触点。焊点的压入深度应当符合下列要求。

a. 热轧钢筋在点焊时，压入深度应当为较小钢筋直径的 $25\% \sim 45\%$。

b. 冷拔光圆钢丝、冷轧带肋钢筋点焊时，压入深度应当为较小钢筋直径的 $25\% \sim 40\%$。

② 加热熔化阶段。加热熔化阶段主要包括两个过程：在通电开始一段时间内，接触点面积扩大，固态金属由于加热而膨胀，在焊接压力的作用下，焊接

图 6-30 点焊过程示意
t_1—预压时间；
t_2—通电时间；t_3—锻压时间

处金属产生塑性变形，并挤向钢筋间的缝隙中。继续加热之后，开始出现熔化点，并逐渐扩大，形成所要求的核心尺寸时切断电流。

在加热熔化的过程中，如果加热过急，会容易发生飞溅，要注意调整焊接参数，飞溅会使核心液态金属减少，表面形成深度压坑，影响美观，并降低力学性能；如果产生飞溅情况，应适当提高电极压力，降低加热速度。

③ 冷却结晶阶段。冷却结晶阶段由减小或切断电流开始，到熔核完全冷却凝固后结束。

在冷却结晶阶段中，其熔核是在封闭塑性环中结晶，加热集中，温度分布陡，加热与冷却速度极快，所以当参数选用不当时，会出现裂纹、缩孔等缺陷。点焊的裂纹有核心内部裂纹、结合线裂纹与热影响区裂纹。当熔核内部裂纹穿透到工件表面时，会成为表面的裂纹。点焊裂纹一般都属于热裂纹。当液态金属结晶而收缩时，如果冷却过快，锻压力不足，且塑性区的变形来不及补充，会形成缩孔，此时要调整参数。

（2）焊接操作要求

① 电阻点焊应当根据钢筋牌号、直径与焊机性能等具体情况，选择合适的变压器级数、焊接通电时间和电极压力。

② 焊点的压入深度应当为较小钢筋直径的 $18\%\sim25\%$。

③ 钢筋多头点焊机宜用于同规格焊接网的成批生产。在点焊生产时，除了符合上述规定之外，还应准确调整各个电极之间的距离、电极压力，并应经常检查各个焊点的焊接电流与焊接通电时间。

当采用钢筋焊接网成型机组进行生产时，应当按照设备使用说明书中的规定进行安装、调试与操作，根据钢筋直径选用合适电极压力与焊接通电时间。

④ 在点焊生产中，应当经常保持电极与钢筋之间接触面的清洁平整；当电极使用变形时，应当及时修整。

⑤ 在钢筋点焊的生产过程中，应当随时检查制品的外观质量，在发现焊接缺陷时，应当查找原因并采取措施，及时消除。

（3）焊接质量检验

① 检验数量。

a. 凡是钢筋牌号、直径及尺寸相同的焊接骨架和焊接网，均应视为同一类型制品，且每 300 件作为一批，一周内不足 300 件的也应当按一批进行计算。

b. 外观检查应当按照同一类型制品分批检查，每批抽查 5%，且不得少于 5 件。

c. 力学性能检验的试件，应当从每批成品中切取；切取过试件的制品应补焊同牌号、同直径的钢筋，其每边的搭接长度不应小于 2 个孔格的长度。

当焊接骨架所切取试件的尺寸小于规定的试件尺寸，或受力钢筋直径大于 8mm 时，可以在生产过程中制作模拟焊接试验网片，如图 6-31 （a）所示，从中切取试件。

图 6-31　钢筋模拟焊接试验网片与试件

d—直径；l—长度

d. 由几种直径钢筋组合的焊接骨架或焊接网，应对每种组合的焊点做力学性能检验。

e. 热轧钢筋的焊点应做剪切试验，试件应为 3 件；冷轧带肋钢筋焊点除了做剪切试验外，还应当对纵向和横向冷轧带肋钢筋做拉伸试验，试件应当各为 1 件。剪切试件纵筋长度不应小于

290mm，横筋长度应当不小于 50mm，如图 6-31（b）所示；拉伸试件纵筋长度应当不小于 300mm，如图 6-31（c）所示。

f. 焊接网剪切试件应当沿同一横向钢筋随机切取。

g. 在切取剪切试件时，应当使制品中的纵向钢筋成为试件的受拉钢筋。

② 焊接骨架外观质量要求。

a. 每件制品的焊点脱落、漏焊数量不得超过焊点总数的 4%，且相邻的两焊点不得有漏焊和脱落现象。

b. 应当量测焊接骨架的长度与宽度，并应抽查纵、横方向 3～5 个网格的尺寸，其允许偏差应符合表 6-19 的规定。

表 6-19　焊接骨架的允许偏差

项目		允许偏差/mm
焊接骨架	长度	±10
	宽度	±5
	高度	±5
骨架箍筋间距		±10
受力主筋	间距	±15
	排距	±5

当外观检查结果不符合上述要求时，应当逐件检查，并剔出不合格品。对不合格品经整修后，可以提交二次验收。

③ 焊接网外形尺寸检查和外观质量要求。

a. 焊接网的长度、宽度与网格尺寸的允许偏差均为 ±10mm；网片两对角线之差不得大于 10mm；网格的数量应当符合设计规定。

b. 焊接网交叉点开焊数量不得大于整个网片交叉点总数的 1%，且任一根横筋上开焊点数不得大于该根横筋交叉点总数的 1/2；焊接网最外边钢筋上的交叉点不得开焊。

c. 焊接网组成的钢筋表面不得有裂纹、凹坑、折叠、结疤、油污及其他影响使用的缺陷，但焊点处可有不大的毛刺和表面浮锈。

d. 焊接缺陷与消除措施。在钢筋点焊生产中，若发现焊接制品有外观缺陷，应当及时查找原因，并且采取措施予以防止和消除。如果发现焊接缺陷，可以按照表 6-20 查找原因和采取措施，尽快消除。

表 6-20　钢筋点焊焊接缺陷与消除措施

焊接缺陷	分析原因	消除措施
焊点过烧	(1)变压器级数过高 (2)通电时间太长 (3)上下电极不对中心 (4)继电器接触失灵	(1)降低变压器级数 (2)缩短通电时间 (3)切断电源、校正电极 (4)调节间隙、清理触点
焊点脱落	(1)电流过小 (2)压力不够 (3)压入深度不足 (4)通电时间太短	(1)提高变压器级数 (2)加大弹簧压力或调大气压 (3)调整两电极间距离，并符合压入深度要求 (4)延长通电时间
钢筋表面烧伤	(1)钢筋和电极接触表面太脏 (2)焊接时没有预压过程或预压力过小 (3)电流过大	(1)清刷电极与钢筋表面的铁锈和油污 (2)保证预压过程和适当的预压力 (3)降低变压器级数

6.7.3　管桩钢筋骨架滚焊机及使用

（1）管桩焊接骨架。管桩焊接骨架采用预应力混凝土用钢棒或预应力混凝土用钢丝作为主筋，冷拔低碳钢丝或低碳钢热轧圆盘条作为螺旋筋，经电阻点焊加工制成，如图 6-32 所示。

(a) 侧视图　　　　　　　　　(b) 截面图

图 6-32　管桩焊接骨架示意

1—主筋；2—螺旋筋；3—焊点

l_1—螺距；l_2—两端螺距；L—骨架长度

端部锚固钢筋、架立圈宜采用低碳钢热轧圆盘条或钢筋混凝土用热轧带肋钢筋。预应力钢筋沿其分布圆周均匀配置，不得小于 6 根。管桩外径 450mm 以下，螺旋筋的直径应不小于 4mm；外径 500～600mm，螺旋筋的直径不应小于 5mm；外径为 800～1000mm，螺旋筋直径不应小于 6mm。管桩螺距最大不超过 110mm，管桩两端螺旋筋长度范围 1000～1500mm，螺距范围40～60mm。

（2）管桩钢筋骨架滚焊机

① 用途和特点。GH-600 型管桩钢筋骨架滚焊机是将高强度混凝土管桩钢筋自动滚焊（电阻点焊）成骨架的专用焊机，广泛用于预应力先张法的钢筋架笼体焊接成型。该机包含可焊主筋强度失小、骨架长而不扭曲、整体性能好、调节方便、性能稳定、操作维修简便等特点。

② 技术参数。GH-600 型管桩钢筋骨架滚焊机技术参数见表 6-21。

表 6-21　GH-600 型管桩钢筋骨架滚焊机技术参数

项　目	参数
焊接骨架直径	ϕ230～560mm(可生产管桩直径：250mm、300mm、350mm、400mm、450mm、500mm、550mm、600mm)
焊接钢筋骨架长度	3000～15000mm
纵筋直径	7～12mm
环筋直径	4～6mm
笼体螺距	5～120mm
驱动功率	绕丝电机 Y112M-4　4kW 变频调速 送丝电机 YLJ132-16-4 牵引电机 Y90S-4　1.1kW 变频调速
焊接变压器功率	63kVA×2
焊接变压器持续率	50%
主机电源	380V 三相(变压器二相)
焊接主机转速	0～60r/min
焊接变压器冷却方式	自冷
外形尺寸(长×宽×高)	20000mm×2000mm×1645mm
焊机质量	约 12t

（3）结构。钢筋骨架滚焊机主要由焊接主机、环筋料放松旋转机架、钢筋骨架牵引机构、焊接变压器及电气控制机构等组成。

旋转电极的电极臂由铜带、电刷导电环、铜排等组成的次级线圈的一端连接。电极臂可以根据焊接骨架直径大小调节，整个电极装置固定在旋转焊接机构的大滚套上。在旋转机构的中心安装了固定电极轮，并同焊接变压器的次级线圈的另一端连接。各电极同主机互相绝缘。

旋转焊接机构中的大滚套由两只较大深沟球轴承固定。电动机通过三角带轮传动二级齿轮拖动大滚套旋转。在大滚套做旋转的同时，环筋钢筋料通过滑轮绕在纵筋钢筋上，并通过分度信号使焊接变压器导通，进行对钢筋交叉点通电焊接，由此同时钢筋骨架牵引电机经减速装置拖动链条带动小车使骨架直线向后移动。整个动作按照设定的螺距及长度焊接成型。

焊机有自动焊接和手动焊接两种焊接模式，在工作时根据需要进行自行选择。

6.8　预埋件钢筋埋弧压力焊和埋弧螺柱焊

6.8.1　埋弧压力焊

6.8.1.1　概述

钢筋埋弧压力焊是利用焊剂层下的电弧燃烧，将两焊件相邻部位熔化，然后加压顶锻使两焊件焊合的过程，如图 6-33 所示。钢筋埋弧压力焊分为手工埋弧压力焊与自动埋弧压力焊两种。

钢筋埋弧压力焊具有生产效率高、质量好等优点，适用于各种预埋件 T 形接头钢筋与钢板的焊接，预制厂大批量生产时，经济效益尤为显著。

钢筋埋弧压力焊适用于直径为 6～25mm 的 HPB300、HRB335、HRB400

图 6-33　预埋件钢筋埋弧压力焊示意

1—钢筋；2—钢板；3—焊剂；
4—电弧；5—熔池；6—焊接变压器

级热轧钢筋与钢板 T 形接头焊接，即预埋件 T 形接头。

6.8.1.2 工艺参数

埋弧压力焊的主要焊接参数包括引弧提升高度、电弧电压、焊接电流、焊接通电时间，参见表 6-22。

表 6-22 埋弧压力焊焊接参数

钢筋牌号	钢筋直径/mm	引弧提升高度/mm	电弧电压/V	焊接电流/A	焊接通电时间/s
HPB300 HRB335 HRB400	6	2.5	30～35	400～450	2
	8	2.5	30～35	500～600	3
	10	2.5	30～35	500～650	5
	12	3.0	30～35	500～650	8
	14	3.5	30～35	500～650	15
	16	3.5	30～40	500～650	22
	18	3.5	30～40	500～650	30
	20	3.5	30～40	500～650	33
	22	4.0	30～40	500～650	36
	25	4.0	30～40	500～650	40

在生产中，如果具有 1000 型弧焊变压器，则可以采用大电流、短时间的强参数焊接法，以提高劳动生产率。例如，焊接直径为 10mm 的钢筋时，采用焊接电流 550～650A，焊接通电时间 4s；焊接直径为 16mm 的钢筋时，650～800A，11s；焊接直径为 25mm 的钢筋时，650～800A，23s。

6.8.1.3 焊接工艺

预埋件埋弧压力焊工艺过程应符合下列要求。

（1）钢板应放平，并应与铜板电极接触紧密。

（2）将锚固钢筋夹于夹钳内，切应夹牢；并放好挡圈，注满焊剂。

（3）接通高频引弧装置与焊接电源后，应立即将钢筋上提 2.5～4mm，并引燃电弧。当钢筋直径较小时，应继续延时，使电弧稳定燃烧；当钢筋直径较小时，应继续缓慢提升 2.5～4mm，再渐渐下送钢筋。

（4）应迅速顶压，但不得用力过猛。

（5）敲去渣壳，四周焊包应较均匀，凸出钢筋表面的高度应不小于 4mm，如图 6-34 所示。

6.8.1.4 焊接质量检验

（1）T形接头外观检查。预埋件钢筋 T 形接头的外观检查，应当从同一台班内完成的同一类型预埋件中抽查 5%，且不得少于 10 件。

（2）预埋件力学性能检验。进行力学性能检验时，应以 300 件同类型预埋件作为一批。1 周内连续焊接时，可以累计计算。当不足 300 件时，也应按一批计算。

进行拉伸试验时，应从每批预埋件中随机切取 3 个接头，试件的钢筋长度应不小于 200mm，钢板的长度和宽度均应不小于 60mm，如图 6-35 所示。

图 6-34　预埋件钢筋埋弧
压力焊接头

图 6-35　预埋件钢筋 T 形接头
拉伸试件（单位：mm）
1—钢板；2—钢筋

（3）手工电弧焊接头外观检查。预埋件钢筋手工电弧焊接头外观检查结果应当符合下列要求。

① 焊缝表面不得有肉眼可见裂纹。

② 钢筋咬边深度不得超过 0.5mm。

③ 钢筋相对钢板的直角偏差不得大于 3°。

（4）埋弧压力焊接头外观检查。预埋件钢筋埋弧压力焊接头外观检查结果应符合下列要求。

① 四周焊包凸出钢筋表面的高度不得小于 4mm。

② 钢筋咬边深度不得超过 0.5mm。

③ 钢板应无焊穿，根部应无凹陷现象。

④ 钢筋相对钢板的直角偏差不得大于 3°。

（5）预埋件外观检查。预埋件外观检查结果，当有 3 个接头不符合上述要求时，应全数进行检查，并剔出不合格品。不合格接头经补焊后，可以提交二次验收。

（6）T 形接头拉伸试验检查。预埋件钢筋 T 形接头拉伸试验结果，3 个试件的抗拉强度均应符合下列要求。

① HPB300 钢筋接头不得小于 350MPa。

② HRB335 钢筋接头不得小于 470MPa。

③ HRB400 钢筋接头不得小于 550MPa。

试验结果，3 个试件中有小于规定值时，应进行复验。

复验时，应再取 6 个试件。复验结果，其抗拉强度均达到上述要求时，应评定该批接头为合格品。

6.8.1.5 预埋件钢筋埋弧压力焊焊接缺陷及其消除措施

在埋弧压力焊的生产过程中，引弧、燃弧（钢筋维持原位或缓慢下送）和顶压等环节必须密切配合；焊接地线应当与铜板电极接触良好，并对称接地；应及时消除电极钳口的铁锈和污物，修理电极钳口的形状等，以确保焊接质量。

焊工须认真自检，如发现焊接缺陷时，需参照表 6-23 查找原因，及时消除。

表 6-23 预埋件钢筋埋弧压力焊接头焊接缺陷及其消除措施

焊接缺陷	消除措施
钢筋咬边	(1)减小焊接电流或缩短焊接时间 (2)增大压入量
气孔	(1)烘焙焊剂 (2)消除钢板和钢筋上的铁锈、油污
夹渣	(1)消除焊剂中熔渣等杂物 (2)避免过早切断焊接电流 (3)加快顶压速度

续表

焊接缺陷	消除措施
未焊合	(1)增大焊接电流,增加熔化时间 (2)适当顶压
焊包不均匀	(1)保证焊接地线的接触良好 (2)保证焊接处具有对称的导电条件 (3)钢筋端面平整
钢板焊穿	(1)减小焊接电流或减少焊接通电时间 (2)在焊接时避免钢板呈局部悬空状态
钢筋淬硬脆断	(1)减小焊接电流,延长焊接时间 (2)检查钢筋化学成分
钢板凹陷	(1)减小焊接电流,延长焊接时间 (2)减小顶压力,减小压入量

6.8.2　埋弧螺柱焊

6.8.2.1　概述

埋弧螺柱焊采用螺柱焊焊枪的夹头将钢筋夹紧,垂直顶压在钢筋上,注满焊剂,利用螺柱焊主机输出强电流,通过钢筋与钢板触点的瞬间上提钢筋,引燃电弧,经短时燃烧,融化钢筋端部和钢板表面,形成熔池,按照设置的焊接电流及焊接时间,使钢筋端部插入熔池,断电,停歇数秒钟,去掉渣壳,露出光泽焊包,焊接结束。

6.8.2.2　埋弧螺柱焊工艺

套上焊剂盒,顶紧钢筋,注满焊剂,接通电源,钢筋上提,引燃电弧,电弧燃烧,钢筋插入熔池,自动断电,打掉渣壳,焊接完成,如图6-36所示。

(a) 注满焊剂　　(b) 钢筋上提　　(c) 燃弧　　(d) 钢筋插入熔池　　(e) 焊接结束

图6-36　预埋件钢筋埋弧螺柱焊工艺过程

6.9 钢筋负温焊接

6.9.1 概述

在环境温度低于－5℃的条件下，进行钢筋闪光对焊、电弧焊、电渣压力焊及气压焊时，称为钢筋负温焊接。

负温焊接时，除了遵守常温焊接的有关规定外，应调整焊接参数，使焊缝和热影响区缓慢冷却。当雨、雪天必须施焊时，应有防雨、防雪和挡风措施。焊后未冷却的接头不得碰到冰雪。

当环境温度低于－15℃时，应对接头采取预热和保温缓冷措施。

当环境温度低于－20℃时，不得进行施焊。

钢筋负温焊接与常温焊接相比，主要是因为负温引起的冷却速度加快的问题，所以其接头构造与焊接工艺除了必须遵守常温焊接的规定外，还必须在焊接工艺参数上做一些调整。调整方法是采用弱参数焊接，使焊缝和热影响区缓慢冷却，避免产生淬硬组织。

6.9.2 钢筋负温焊接

6.9.2.1 负温闪光对焊焊接

在负温条件下，进行闪光对焊时，应采用预热闪光焊或闪光-预热-闪光焊工艺，焊接参数的选择与常温焊接相比，可以进行以下调整。

（1）增加调伸长度。

（2）采用较低焊接变压器级数。

（3）增加预热次数和间歇时间。

6.9.2.2 负温电弧焊焊接

（1）在负温条件下，进行帮条电弧焊或搭接电弧焊时，从中部引弧，对两端就起到了预热的作用。平焊时，应从中间向两端施焊；而立焊时，应先从中间向上端施焊，再从下端向中间施焊。

（2）当采用多层施焊时（坡口焊的焊缝余高应分两层控温施焊），层间温度应控制在150～350℃之间，使接头热影响区附近的冷却速度减慢 1～2 倍左右，从而减弱了淬硬倾向，改善了接头的综合性能。

（3）如果采用预热与缓冷两种工艺，还不能保证焊接质量时，则应采用"回火焊道施焊法"；HPB300 和 HRB335 钢筋多层施焊时，焊后可以采用回火焊道施焊，其回火焊道的长度宜比前一焊道在两端后缩 4～6mm，如图 6-37 所示。

回火焊道施焊的作用主要是对原来的热影响区起到回火的效果，回火温度为 500℃左右；如果一旦产生淬硬组织，经回火后将产生回火马氏体、回火索氏体组织，从而改善接头的综合性能。

图 6-37 钢筋负温电弧焊回火焊道示意（单位：mm）

6.9.3 防寒措施

在负温条件下，进行闪光对焊、电弧焊、电渣压力焊时，应对焊接设备采取防寒措施，并防止冷却水管冻裂。

6.10 钢筋焊接连接常见问题与解决方法

6.10.1 钢筋焊接通病

（1）钢筋焊接问题主要表现。钢筋焊接常见问题主要表现为：焊接不到位；焊渣未敲掉；焊接后钢筋错位；漏焊。

（2）产生原因。施工人员操作不规范，导致焊接接头质量不合格。对于不合格的接头，应当全部返工，重新焊接。

（3）解决方法。在实际施工中，钢筋的对接焊是出现质量问题较多的地方，应当充分引起施工人员的重视。常见的质量通病包括以下几个方面。

① 钢筋闪光对焊未焊透

a. 现象。焊口局部区域未能相互结晶，焊合不良，接头镦粗变形量很小，挤出的金属毛刺很不均匀，多集中于焊口，并产生严重的胀开现象；从断口上可以看到如同有氧化膜的黏合面存在。

b. 防治措施

Ⅰ. 适当限制连续闪光焊工艺的使用范围。

Ⅱ. 重视预热作用，掌握预热要领，力求扩大沿焊件纵向的加热区域，减小温度梯度。

Ⅲ. 采用正常的烧化过程，使焊件获得符合要求的温度分布，尽量产生平整的端面及比较均匀的熔化金属层，为提高接头质量创造良好条件。具体做法如下。

第一，选择合适的烧化留量，确保烧化过程有足够的延续时间。当采用闪光—预热—闪光焊工艺时，一次烧化留量等于钢筋端部不平度加上断料时刀口严重压伤区段，二次烧化留量宜不小于8mm。当采取连续闪光焊工艺时，其烧化留量相当于上述两次烧化留量之和。

第二，采取变化的烧化速度，保证烧化过程具有"慢—快—更快"的非线性加速度方式，平均烧化速度通常可取为2mm/s。当钢筋直径大于25mm时，由于沿焊件截面加热的均衡性减慢，烧化速度应当略微降低。

Ⅳ. 避免采用过高的变压器级数施焊，以提高加热效果。

c. 处理。对于不符合要求的全部返工重焊。

② 钢筋闪光对焊接头弯折或偏心

a. 现象。接头处产生弯折，折角超过规定或接头处偏心，轴线偏移大于 $0.1d$ （d 为钢筋直径）或2mm。

b. 防治措施

Ⅰ. 钢筋端头弯曲时，焊前应当予以矫直或是切除。

Ⅱ. 保持电极的正常外形，变形较大时应当及时修理或更新，在安装时应力求位置准确。

Ⅲ. 夹具如因磨损晃动较大，应当及时维修。

Ⅳ. 接头焊毕，稍冷却后再小心移动钢筋。

c. 处理。对于不符合要求的全部返工重焊。

③ 电渣压力焊接头出现偏心和倾斜

a. 现象。弯折角度大于 40°，轴线偏移大于 0.1d（d 为钢筋直径）或 2mm。

b. 防治措施。

Ⅰ. 钢筋端部歪扭和不直部分应当事先矫正或切除，端部歪扭的钢筋不得焊接。

Ⅱ. 两钢筋夹持于夹具内，上下应同心，焊接过程中，上钢筋应当保持垂直和稳定。

Ⅲ. 夹具的滑杆和导管之间如有较大间隙，造成夹具上下不同心时，应当修理后再用。

Ⅳ. 钢筋下送加压时，顶压力要恰当。

Ⅴ. 焊接完成之后，不能立即卸下夹具，应当在停焊后约 2min 后再卸夹具，以免钢筋倾斜。

c. 处理。对超过标准要求的应当全数返工重焊。

④ 电渣压力焊钢筋咬边

a. 现象。上钢筋与焊包交接处出现缺口。

b. 防治措施。

Ⅰ. 严格按照钢筋直径确定焊接电流。

Ⅱ. 端部熔化到一定程度后，上钢筋迅速下送，适当加大顶压量，以便使钢筋端头在熔池中压入一定程度，保持上下钢筋在熔池中有良好的结合。

Ⅲ. 焊接通电时间与钢筋直径大小有关，如焊接 25mm 钢筋，通电时间电弧过程为 21s、电渣过程为 6s。焊接通电时间不能过长，应当根据所需熔化量适当控制。

c. 处理。出现缺口系数割除重焊。

⑤ 电渣压力焊钢筋未熔合

a. 现象。上下钢筋在接合面处没有很好地熔合在一起。

b. 防治措施

Ⅰ. 在引弧的过程中应当精心操作，防止操纵杆提得太快和过高，避免间隙太大发生断路灭弧；但也应防止操纵杆提得太慢，以免钢筋短路。

Ⅱ. 适当增大焊接电流和延长焊接通电时间，使钢筋端部得到适宜的熔化量。

Ⅲ. 及时修理焊接设备，确保正常使用。

c. 处理。发现未熔合缺陷时，应切当除重新焊接。

⑥ 电渣压力焊焊包成形不良

a. 现象。焊包上翻、下流。

b. 防治措施

Ⅰ. 为了防止焊包上翻，应当适当减小焊接电流或加长通电时间，加压时用力适当，不能过猛。

Ⅱ. 焊剂盒的下口及其间隙用石棉垫封塞好，防止焊剂泄漏。

c. 处理。对于不符合电渣压力焊验收规范要求的应切除重焊。

⑦ 钢筋表面烧伤

a. 现象。钢筋夹持处产生许多烧伤斑点或小弧坑，HRB300级钢筋表面烧伤后在受力时容易发生脆断现象。

b. 防治措施

Ⅰ. 焊前应将钢筋端部 120mm 范围内的铁锈和油污清除干净。

Ⅱ. 夹具电极上黏附的熔渣及氧化物清除干净。

Ⅲ. 焊前应当将钢筋夹紧。

c. 处理。对烧伤严重的钢筋应切除，更换钢筋后重焊；对不影响整体质量的允许同规格钢筋绑扎，长度为上下各 40d（d 为钢筋直径）。

6.10.2　钢筋闪光对焊出现的问题

（1）钢筋闪光对焊问题主要表现。钢筋闪光对焊问题主要表现为焊接后钢筋断裂（图 6-38）、焊接不到位、焊接工艺错误。

（2）产生原因。闪光对焊产生质量缺陷主要包括两个原因：一个是钢筋未完全熔透；二是焊包高度不够。处理办法就是在接头部位搭接一根同等规格的钢筋，但是要符合锚固长度，而且要在混凝土浇筑之前搭接。如果只有一根的话，其他闪光对焊质量可以，那么应该不会出现太大问题，因为搭界接头都是错开的，不过，这种情况的出现要对现场操作人员进行教育、培训，以免将来出现更大的问题。

图 6-38 焊接后钢筋断裂

现场闪光对焊出现问题最多的是连续闪光焊，主要包括两个方面的原因。

① 焊接工艺方法应用不当。例如，对断面较大的钢筋理应采取预热闪光焊工艺施焊，但采用了连续闪光焊工艺。

② 焊接参数选择不合适。特别是烧化留量太小、变压器级数过高以及烧化速度太快等，造成焊件端面加热不足，也不均匀，未能形成比较均匀的熔化金属层，致使顶锻过程生硬，焊合面不完整。

（3）解决方法。适当限制连续闪光焊工艺的使用范围。钢筋对焊焊接工艺方法宜按照以下规定选择。

① 当钢筋直径≤25mm，钢筋级别不大于 HRB400 级，采用连续闪光焊。

② 当钢筋直径＞25mm，级别大于 HRB400 级，且钢筋端面较平整，宜采用预热闪光焊，预热温度约 1450℃，预热频率宜用 2～4 次/s。

③ 当钢筋端面不平整，应当采用"闪光—预热—闪光焊"。

连续闪光焊所能焊接的钢筋范围，应当根据焊机容量、钢筋级别等具体情况而定，并应当符合表 6-24 的规定。

表 6-24　连续闪光焊钢筋上限直径

焊机容量/kV·A	钢筋牌号	钢筋直径/mm
160(150)	HRB300	20
	HRB335	22
	HRB400	20
	RRB400	20
100	HRB300	20
	HRB335	18
	HRB400	16
	RRB400	16
80(75)	HRB300	16
	HRB335	14
	HRB400	12
	RRB400	12
40	HRB300	10
	Q235	
	HRB335	
	HRB400	
	RRB400	

6.10.3　电渣压力焊接不合格

（1）电渣压力焊接不合格主要表现。电渣压力焊接不合格主要表现为焊包不饱满、钢筋对接偏心、焊包偏心。

（2）产生原因。现场实际操作工人没有经过系统的培训、对其施工工艺不了解；为了加快施工的速度，没有及时检查造成质量不合格。

（3）解决方法。工程建设中电渣压力焊的运用较为广泛，在施工时一定要严格按照要求进行操作。

① 电渣压力焊的特点与应用

a. 电渣压力焊适用于现浇钢筋混凝土结构中竖向或斜向（倾

斜度在 4：1 范围内）钢筋的连接。

b. 电渣压力焊焊机容量应根据所焊钢筋直径选定。

c. 焊接夹具应具有足够刚度，在最大允许荷载下应移动灵活、操作便利，电压表、时间显示器应配备齐全。

d. 电渣压力焊工艺过程应符合下列要求。

Ⅰ. 焊接夹具的上下钳口应夹紧于上、下钢筋上；钢筋一经夹紧，不得晃动。

Ⅱ. 引弧可采用直接引弧法，或钢丝圈（焊条芯）引弧法。

Ⅲ. 引燃电弧后，应先进行电弧过程，然后加快上钢筋下送速度，使钢筋端面与液态渣池接触，转变为电渣过程，最后在断电的同时，迅速下压上钢筋，挤出熔化金属和熔渣。

Ⅳ. 接头焊毕，应稍作停歇，方可口收焊剂和卸下焊接夹具；敲去渣壳后，四周焊包凸出钢筋表面的高度不得小于 4mm。

e. 电渣压力焊焊接参数应包括焊接电流、焊接电压和通电时间，采用 HJ431 焊剂时，宜符合表 6-25 的规定。采用专用焊剂或自动电渣压力焊机时，应根据焊剂或焊机使用说明书中推荐数据，通过试验确定。不同直径钢筋焊接时，上下两钢筋轴线应在同一直线上。

表 6-25　电渣压力焊焊接参数

钢筋直径/mm	焊接电流/A	焊接点压/V		焊接通电时间/s	
		电弧过程 $U_2 \cdot 1$	电渣过程 $U_2 \cdot 2$	电弧过程 t_1	电渣过程 t_2
14	200～220			12	3
16	200～250			14	4
18	250～300			15	5
20	300～350	35～45	18～22	17	5
22	350～400			18	6
25	400～450			21	6
27	500～550			24	6
32	600～650			27	7

f. 在焊接生产中焊工应进行自检，当发现偏心、弯折、烧伤等焊接缺陷时，应查找原因和采取措施，及时消除。

② 电渣压力焊质量检验

a.电渣压力焊接接头的质量检验，应分批进行外观检查和力学性能检验，并应按表 6-26 的规定进行验收。

表 6-26   电渣压力焊焊接接头尺寸偏差及缺陷允许值

名称		单位	接头形式		
			帮条焊	搭接焊、钢筋与钢板搭接焊	坡口焊、窄间隙焊与熔槽帮条焊
棒体沿接头中心线的纵向偏移		mm	$0.3d$	—	—
接头处弯折角		°	3	3	3
接头处钢筋轴线的位移		mm	$0.1d$	$0.1d$	$0.1d$
焊缝厚度		mm	$+0.05d$ 0	$+0.05d$ 0	—
焊缝宽度		mm	$+0.1d$ 0	$+0.1d$ 0	—
焊缝长度		mm	$-0.3d$	$-0.3d$	—
横向咬边深度		mm	0.5	0.5	-0.5
在长 $2d$ 焊缝表面上的气孔及夹渣	数量	个	2	2	—
	面积	mm^2	6	6	—
在全部焊缝表面上的气孔及夹渣	数量	个	—	—	2
	面积	mm^2	—	—	6

注：d 为钢筋直径（mm）。

在现浇钢筋混凝土结构中，应以 300 个同牌号钢筋接头作为一批；在房屋结构中，应在不超过两层楼中 300 个同牌号钢筋接头作为一批；当不足 300 个接头时，仍应作为一批。每批随机切取 3 个接头做拉伸试验。

b.电渣压力焊接头外观检查结果，应符合下列要求。

Ⅰ.四周焊包凸出钢筋表面的高度不得小于 4mm。

Ⅱ.钢筋与电极接触处，应无烧伤缺陷。

Ⅲ.接头处的弯折角不得大于 3°。

Ⅳ.接头处的轴线偏移不得大于钢筋直径的 0.1 倍，且不得大于 2mm。

7 钢筋连接施工安全技术

7.1 钢筋绑扎与安装操作安全管理

（1）在高处（2m 或 2m 以上）、深坑绑扎钢筋和安装钢筋骨架，必须搭设脚手架或操作平台，临边应搭设防护栏杆。圆盘展开拉直剪断时，应脚踩两端剪断，以免断筋弹起伤人。

（2）绑扎立柱、墙体钢筋和安装骨架时，不得站在骨架上和墙体上安装或攀登骨架上下。柱筋在 4m 内，质量不大，可在地面或楼面上进行绑扎，整体竖起；柱筋高于 4m 以上应搭设工作台。安装人员宜站在建筑物的内侧，严禁操作人员背朝外侧和攀在柱筋上操作。

（3）绑扎在建施工工程的圈梁、挑檐、挑梁、外墙和边柱等钢筋时，应站在脚手架或操作平台上作业。无脚手架时，必须搭设水平安全网。悬空大梁钢筋的绑扎，必须站在满铺脚手板或操作平台上操作。在 2m 以上无牢固立脚点和大于 45°斜屋面、陡坡安装钢筋时，应系好安全带。

（4）在绑扎基础钢筋时，应设钢筋支架或马凳，深基础或夜间施工应使用低压照明灯具。

（5）钢筋骨架在安装时，下方严禁站人，必须待骨架降落至楼、地面 1m 以内方准靠近，就位支撑好，方可摘钩。

（6）绑扎和安装钢筋，不允许将工具、箍筋或短钢筋随意放在脚手架或模板上。

（7）在高处楼层上拉钢筋或钢筋调向时，必须事先观察运行上方或周围附近是否有高压线，严防碰触。

（8）在高处安装钢筋时，应避免在高处修整及扳弯粗钢筋，如必须操作，则应巡视周边环境是否安全，并系好安全带，操作时人要站稳，手应抓紧扳手或采取防止扳手脱落的措施，防止扳手脱落伤人。

（9）安装钢筋，周边不得存在电气设备及线路。需要弯曲和调头时，应巡视周边环境情况，严禁钢筋碰撞电气设备。

7.2 钢筋焊接与切割安全要求

7.2.1 钢筋焊接与切割施工相关人员的安全责任

7.2.1.1 管理者的安全责任

（1）管理者必须对实施焊接及切割操作的人员及监督人员进行必要的安全培训。培训内容包括设备的安全操作、工艺的安全执行及应急措施等。

（2）管理者有责任将焊接、切割可能引起的危害及后果以适当的方式（如安全培训教育、口头或书面说明、警告标识等）通告给实施操作的人员。

（3）管理者必须标明允许进行焊接、切割的区域，并建立必要的安全措施。

（4）管理者必须明确在每个区域内单独的焊接及切割操作规则，并确保每个有关人员对所涉及的危害有清醒的认识并且了解相应的预防措施。

（5）管理者必须保证只使用经过认可并检查合格的设备（如焊

割机具、调节器、调压阀、焊机、焊钳及人员防护装置）。

7.2.1.2　现场管理与安全监督人员的安全责任

焊接或切割现场应设置现场管理和安全监督人员。这些监督人员必须对设备的安全管理及工艺的安全执行负责。在实施监督职责的同时，他们还可担负其他职责，如现场管理、技术指导、操作协作等。

监督者必须提供以下保证。

（1）各类防护用品得到合理使用。

（2）在现场适当地配置防火及灭火设备。

（3）指派火灾警戒人员。

（4）所要求的热作业规程得到遵循。

在不需要火灾警戒人员的场合，监督者必须要在热工作业完成后做最终检查并组织消灭可能存在的火灾隐患。

7.2.1.3　操作者的安全责任

操作者必须具备对特种作业人员所要求的基本条件，并懂得将要实施操作时可能产生的危害以及适用于控制危害条件的程序。操作者必须安全地使用设备，使之不会对生命及财产构成危害。

操作者只有在规定的安全条件得到满足，并得到现场管理及监督者准许的前提下，才可实施焊接或切割操作。在获得准许的条件没有变化时，操作者可以连续地实施焊接或切割。

7.2.2　钢筋焊接与切割工作区域及人员的安全防护

7.2.2.1　工作区域防护

（1）设备。焊接设备、焊机、切割机具、钢瓶、电缆及其他器具必须放置稳妥并保持良好的秩序，使之不会对附近的作业或过往人员构成妨碍。

（2）警告标志。焊接和切割区域必须予以明确标明，并且应有必要的警告标志。

（3）防护屏板。为了防止作业人员或邻近区域的其他人员受到焊接及切割电弧的辐射及飞溅伤害，应用不可燃或耐火屏板（或屏罩）加以隔离保护。

（4）焊接隔间。在准许操作的地方、焊接场所，必要时可用不可燃屏板或屏罩隔开形成焊接隔间。

7.2.2.2　人身防护

（1）眼睛及面部防护。作业人员在观察电弧时，必须使用带有滤光镜的头罩或手持面罩，或戴安全镜、护目镜或其他合适的眼镜。辅助人员也应戴类似的眼保护装置。

对于大面积观察（如培训、展示、演示及一些自动焊操作），可以使用一个大面积的滤光窗、滤光幕而不必使用单个的面罩、手提罩或护目镜。窗或幕材料必须对观察者提供安全的保护效果，使其免受弧光、碎渣飞溅的伤害。

（2）身体保护

① 防护服。防护服应根据具体的焊接和切割操作特点选择。

② 手套。所有焊工和切割工必须佩戴耐火的防护手套。

③ 围裙。当身体前部需要对火花和辐射做附加保护时，必须使用经久耐火的皮制或其他材质的围裙。

④ 护腿。需要对腿做附加保护时，必须使用耐火的护腿或其他等效的用具。

⑤ 披肩、斗篷及套袖。在进行仰焊、切割或其他操作过程中，必须佩戴皮制或其他耐火材质的套袖或披肩罩，也可在头罩下佩戴耐火质地的斗篷以防头部灼伤。

⑥ 其他防护服。当噪声无法控制在允许声级范围内时，必须采用保护装置如耳套、耳塞或用其他适当的方式保护。

（3）呼吸保护设备。利用通风手段无法将作业区域内的空气污染降至允许限值或这类控制手段无法实施时，必须使用呼吸保护装置，如长管面具、防毒面具等。

7.2.3　钢筋焊接与切割封闭空间内的安全要求

封闭空间是指一种相对狭窄或受限制的空间，如箱体、锅炉、容器、舱室等。"封闭"意味着由于结构、尺寸、形状而导致恶劣的通风条件。在封闭空间内作业时要求采取特殊的措施。

7.2.3.1 封闭空间内通风要求

（1）人员的进入。封闭空间内在未进行良好的通风之前禁止人员进入。如要进入，必须佩戴合适的供气呼吸设备并由佩戴有类似设备的他人监护。

必要时在进入之前，对封闭空间要进行毒气、可燃气、有害气、氧量等的测试，确认无害后方可进入。

（2）邻近的人员。封闭空间内适宜的通风不仅必须确保焊工或切割工自身的安全，还要确保区域内所有人员的安全。

（3）使用的空气。通风所使用的空气，其数量和质量必须保证封闭空间内的有害物质污染浓度低于规定值。

供给呼吸器或呼吸设备的压缩空气必须满足正常的呼吸要求。呼吸器的压缩空气管必须是专用管线，不得与其他管路相连接。除了空气之外，氧气、其他气体或混合气不得用于通风。

在对生命和健康有直接危害的区域内，实施焊接、切割或相关工艺作业时，必须采用强制通风、供气呼吸设备或其他合适的方式。

7.2.3.2 使用设备安置要求

（1）气瓶及焊接电源。在封闭空间内实施焊接及切割时，气瓶及焊接电源必须放置在封闭空间的外面。

（2）通风管。用于焊接、切割或相关工艺局部抽气通风的管道必须由不可燃材料制成。这些管道必须根据需要进行定期检查以保证其功能稳定，其内表面不得有可燃残留物。

7.2.3.3 其他要求

（1）相邻区域。在封闭空间邻近处实施焊接或切割而使得封闭空间内存在危险时，必须使人们知道封闭空间内的危险后果，在缺乏必要的保护措施条件下严禁进入这样的封闭空间。

（2）紧急信号。当作业人员从人孔或其他开口处进入封闭空间时，必须具备向外部人员提供救援信号的手段。

（3）封闭空间的监护人员。在封闭空间内作业时，如存在着严重危害生命安全的气体，封闭空间外面必须设置监护人员。

监护人员必须具有在紧急状态下迅速救出或保护里面作业人员的救护措施，具备实施救援行动的能力。他们必须随时监护里面作业人员的状态并与他们保持联络，准备好救护设备。

7.2.4 钢筋焊接与切割消防的安全措施

7.2.4.1 防火职责

必须明确焊接操作人员、监督人员及管理人员的防火职责，并建立切实可行的安全防火管理制度。

7.2.4.2 指定操作区域

焊接及切割应在为减少火灾隐患而设计、建造（或特殊指定）的区域内进行。因特殊原因需要在非指定的区域内进行焊接或切割操作时，必须经检查、核准。

7.2.4.3 放有易燃物区域的热作业条件

焊接或切割作业只能在无火灾隐患的条件下实施。

（1）转移工件。有条件时，首先要将工件移至指定的安全区进行焊接。

（2）转移火源。工件不可移时，应将火灾隐患周围所有可移动物移至安全位置。

（3）工件及火源无法转移。工件及火源无法转移时，要采取措施限制火源以免发生火灾。

① 易燃地板要清扫干净，并以洒水、铺盖湿沙、金属薄板或类似物品的方法加以保护。

② 地板上的所有开口或裂缝应覆盖或封好，或者采取其他措施以防地板下面的易燃物与可能由开口处落下的火花接触。对墙壁上的裂缝或开口、敞开或损坏的门、窗亦要采取类似的措施。

7.2.4.4　灭火设备及消防人员设置

（1）配置灭火器及喷水器。在进行焊接及切割操作的地方必须配置足够的灭火设备。其配置取决于现场易燃物品的性质和数量，可以是水池、沙箱、水龙带、消防栓或手提灭火器。在有喷水器的地方，在焊接或切割过程中，喷水器必须处于可使用状态。如果焊接地点距自动喷水头很近，可根据需要用不可燃的薄材或潮湿的棉布将喷头临时遮蔽，而且这种临时遮蔽要便于迅速拆除。

（2）设置火灾警戒人员。在下列焊接或切割的作业点及可能引发火灾的地点，应设置火灾警戒人员。

① 靠近易燃物之处、建筑结构或材料中的易燃物距作业点10m 以内。

② 开口在墙壁或地板有开口的 10m 半径范围内（包括墙壁或地板内的隐蔽空间）放有外露的易燃物。

③ 金属墙壁。靠近金属间壁、墙壁、天花板、屋顶等处另一侧易受传热或辐射而引燃的易燃物。

④ 船上作业。在油箱、甲板、顶架和舱壁进行船上作业时，焊接时透过的火花、热传导可能导致隔壁舱室起火。

（3）火灾警戒职责。火灾警戒人员必须经必要的消防训练，并熟知消防紧急处理程序。火灾警戒人员的职责是监视作业区域内的火灾情况；在焊接或切割完成后检查并消灭可能存在的残火。火灾警戒人员可以同时承担其他职责，但不得对其火灾警戒任务有干扰。

7.2.4.5　装有易燃物容器的焊接或切割

当焊接或切割装有易燃物的容器时，必须采取特殊的安全措施并经严格检查批准方可作业，否则严禁开始工作。

7.3　钢筋焊接安全操作技术

7.3.1　钢筋电焊安全操作技术

（1）电焊机外壳，必须接地良好，其电源的装拆应由电工进行。

（2）电焊机要设单独的开关，开关应放在防雨的闸箱内，拉合时应戴手套侧向操作。

（3）焊钳与把线必须绝缘良好，连接牢固，更换焊条应戴手套；在潮湿地点工作，应站在绝缘胶板或木板上。

（4）严禁在带压力的容器或管道上施焊，焊接带电的设备必须先切断电源。

（5）焊接储存过易燃、易爆、有毒物品的容器或管道，必须清除干净，并将所有孔口打开。

（6）在密闭金属容器内施焊时，容器必须可靠接地，通风良好，并应有人监护。严禁向容器内输入氧气。

（7）焊接顶热工件时，应有石棉面或挡板等隔热措施。

（8）把线、地线禁止与钢丝绳接触，更不得用钢丝绳或机电设备代替零线；有地线接头，且必须连接牢固。

（9）更换场地移动把线时，应切断电源，并不得手持把线爬梯登高。

（10）清除焊渣、采用电弧气刨清根时，应戴防护眼镜或面罩，防止铁渣飞溅伤人。

（11）多台焊机在一起集中施焊时，焊接平台或焊件必须接地，并应有隔光板。

（12）钍钨极要放置在密闭铅盒内，磨削钍钨极时，必须戴手套、口罩，并将粉尘及时排除。

（13）二氧化碳气体顶热器的外壳应绝缘，端电压不应大于 3.6V。

（14）雷雨时，应停止露天焊接作业。

（15）施焊场地周围应清除易燃易爆物品，或进行覆盖、隔离。

（16）必须在易燃易爆的气体或液体扩散区施焊时，应经有关部门检验许可后，方可施焊。

（17）工作结束应切断焊机电源，并检查操作地点确认无起火危险后，方可离开。

7.3.2 直流电焊机安全操作技术

（1）电焊机的工作环境必须符合制造厂使用说明中的要求。

（2）电焊机在搬运中，要尽可能地避免振动和碰撞，以免影响其性能。

（3）使用前须先打开风扇电机，观察电压表指针位置是否正确，仔细查听是否有不正常的声音。

（4）应经常清洁硅整流器及其他部件，以延长其使用寿命。

（5）电焊机的饱和电抗器切勿振动，更不应敲击，否则将影响焊机性能。

（6）电焊机在安装前，应检查硅整流元件与散热片的连接是否牢固，如有松动，必须拧紧，以防接触不良而烧毁硅整流元件。

（7）严禁用摇表测试电焊机主变压器的次级线圈和控制变压器的次级线圈。

（8）进线处需有防护罩。

7.3.3 交流电焊机安全操作技术

（1）合闸前，必须详细检查其接线螺帽、螺栓和其他部件是否有松动或损坏。

（2）在调节变压器时，必须使用手柄，移动电焊机时不得用电缆拖拉。

（3）接母线时要注意初次级线，不要接错，转入电压必须符合电焊的额定电压。

（4）严禁接触初级线路的带电部分，以防触电伤人。

（5）电焊机次级开关板的接线铜片，必须旋紧，以保证接触良好，否则接触处会发热而烧毁电焊接线线圈，亦会烧毁接线螺栓和螺帽。

7.3.4 气瓶的管理与使用

7.3.4.1 气瓶的储存

（1）气瓶必须储存在不会遭受物理损坏或不会使气瓶内储存物

的温度超过 40℃ 的地方。

（2）气瓶一定要储放在远离电梯、楼梯或过道，不会被经过或倾倒的物体碰翻或损坏的指定地点。储存时，气瓶应稳固，以防翻倒。

（3）气瓶在储存时，必须与可燃物、易燃液体隔离，并远离容易引燃的材料（如木材、纸张、包装材料与油脂等）应至少 6m 以上，或用至少 1.6m 高的不可燃隔板隔离。

7.3.4.2　气瓶在现场的安放、搬运与使用

（1）气瓶在使用时一定要稳固竖立或装在专用车（架）或固定装置上。

（2）气瓶不应置于受阳光曝晒、热源辐射以及可能受到电击的地方。气瓶一定要距离实际焊接或切割作业点足够远（一般为 5m 以上），以防接触火花、热渣或火焰，否则须提供耐火屏障。

（3）气瓶不能置于可能使其本身成为电路一部分的区域。防止与电动机车轨道、无轨电车电线等接触。气瓶一定要远离散热器、管路系统、电路排线等，及可能供接地（如电焊机）的物体。严禁用电极敲击气瓶，在气瓶上引弧。

（4）搬运气瓶时，应当注意以下事项。

① 关紧气瓶阀，而且不能提拉气瓶上的阀门保护帽。

② 用起重机运送气瓶时，需使用吊架或合适的台架，不应使用吊钩、钢索或电磁吸盘。

③ 防止可能损伤瓶体、瓶阀或安全装置的剧烈碰撞。

（5）气瓶不能作为滚动支架或支撑重物的托架。

（6）气瓶需配置手轮或专用扳手启闭瓶阀。气瓶在使用后不能放空，一定要留有不小于 98～196kPa 表压的余气。

（7）当气瓶冻住时，不能在阀门或阀门保护帽下面用撬杠撬动气瓶松动。要使用 40℃ 以下的温水解冻。

7.3.4.3　乙炔气瓶的开启

开启乙炔气瓶的瓶阀时必须缓慢，禁止开至超过 1.5 圈，通常

只开至 3/4 圈以内，以便在紧急情况下能迅速关闭气瓶。

7.3.5　钢筋气焊安全操作技术

（1）焊接前，必须严格检查气焊所用的设备和工具是否符合安全要求；氧气表、减压阀是否正常。

（2）装上氧气表时，应先检查瓶嘴是否有油，如有油必须把油擦干净，并打开氧气瓶阀门喷除瓶口的污物。

（3）严禁油污接触气焊工具。

（4）禁止使用浮筒式乙炔发生器及移动式乙炔发生器。

（5）焊枪或割枪装接胶管时，乙炔和氧气皮管不要装错，并不得互换使用，使用完毕后应关闭乙炔阀，然后关氧气阀；发生回火时应立即关氧气阀，再关乙炔阀，如来不及关闭时，可将乙炔皮管拔掉。焊枪或割枪的火嘴外套要严密，以免发生回火，火嘴过热而需浸水时，应先关闭乙炔阀再关闭氧气阀后，再浸水。

（6）工作前，先把氧气瓶略加开启吹除灰尘，然后装上减压阀和氧气表，人身和面部不得对正阀口。

（7）点燃时，应先开焊枪的乙炔阀点火，然后开氧气阀调整火焰，点燃后的焊枪不能离手放下，如果必须放下时，则一定要先关闭乙炔阀，再关闭氧气阀，使火焰熄灭后再行放下。

（8）在焊接过程中，当焊枪发生爆炸声或手感到有振动时，应立即关闭乙炔阀，然后关闭氧气阀；待其冷却后方可再行点燃继续工作。

（9）冬季露天施工，如胶皮管或保险壶冻结时，可用热水、蒸汽或在暖气设备下化冻，但严禁用火烤。

（10）焊枪、割枪和氧压表不能任意乱放，更不得放在泥上或沙堆上，以防堵塞枪口，造成事故；带有乙炔、氧气的焊枪不准放在金属的管、槽、缸、箱内，以防发生燃烧事故。

（11）每天下班后，应将胶管盘起，并用绳子捆好挂在室内干燥的地方，减压阀和氧压表应放在工具箱内。

（12）氧气瓶内的压力降到 0.05MPa 时，不得继续使用；乙炔瓶内的压力不应超过 0.15MPa。

7.3.6　点焊机安全操作技术

（1）焊机应设在干燥的地方，平稳牢固，要有可靠的接地装置，导线绝缘良好。

（2）焊接前，应根据钢筋截面调整电压；发现焊头漏电，应即更换，禁止使用。

（3）操作时，应戴防护眼镜和手套，并站在橡胶板或木板上。工作棚要用防火材料搭设；棚内严禁堆放易燃、易爆物品，并备有灭火器材。

（4）焊机断路器的接触点、电极（铜头），要定期检查修理。冷却水管保持畅通，不得漏水，不得超过规定温度。

7.3.7　对焊机安全操作技术

（1）对焊机应安装在室内，并有可靠的接地；如多台对焊机并列安装时，两台焊机间距至少要有 3m，并应分别接在不同的相应电源上；每台焊机均有各自的闸刀开关；闸刀开关与焊机之间的导线应用套管加以保护。

（2）操作前，应检查对焊机的压力机构是否灵活，夹具是否牢固；用气压或液压传动的夹具，应检查其系统是否正常，经过试验没有问题后，方可进行焊接。

（3）焊接车间内不应堆放易燃物品，并应备有消防设备，操作人员必须戴防护眼镜、手套，脚下垫木板或绝缘材料方可操作。

（4）焊接前，应根据所焊钢筋截面，调整二次电压，禁止焊接超过对焊机规定直径的钢筋，放冷却水后，方可实施。

（5）冬季下班，应放尽冷却水。

（6）断路器的接触点每隔 2～3 天应用砂纸擦净，电极触头应定期用锉刀锉光，二次电路全部连接螺栓应定期紧固，避免发生过热现象, 冷却水温度不得超过 40℃。

(7) 焊接较长钢筋时, 应设置活动支架, 配合搬运钢筋的操作人员; 焊接时应防止火花烫伤; 已焊接好的钢筋应按其规格、长度堆放整齐, 不得靠近易燃物品。

(8) 冬季施工时, 室内温度不得低于 8℃。

(9) 工作完毕后, 必须切断电源, 收拾好夹具和工具, 清扫车间或工场, 并对设备进行清洁和保养。

参 考 文 献

[1] JGJ 107—2016, 钢筋机械连接技术规程 [S]. 北京：中国建筑工业出版社，2016.

[2] JG 163—2013, 钢筋机械连接用套筒 [S]. 北京：中国标准出版社，2013.

[3] YB 9250—1993, 带肋钢筋挤压连接技术及验收规程 [S]. 北京：冶金工业出版社，1993.

[4] JGJ 18—2012, 钢筋焊接及验收规程 [S]. 北京：中国建筑工业出版社，2012.

[5] JGJ/T 27—2014, 钢筋焊接接头试验方法标准 [S]. 北京：中国建筑工业出版社，2014.

[6] 叶刚. 钢筋工入门与技巧 [M]. 北京：金盾出版社，2008.

[7] 陆岑. 钢筋工长 [M]. 北京：中国建筑工业出版社，2008.

[8] 张希舜. 钢筋工工长手册 [M]. 北京：中国建筑工业出版社，2010.

[9] 周松盛. 钢筋工入门 [M]. 合肥：安徽科学技术出版社，2008.